Rheinisch-Westfälische Akademie der Wissenschaften

Natur-, Ingenieur- und Wirtschaftswissenschaften   Vorträge · N 391

Herausgegeben von der
Rheinisch-Westfälischen Akademie der Wissenschaften

HELMUT DOMKE
Aktive Tragwerke

Westdeutscher Verlag

369. Sitzung am 10. Oktober 1990 in Düsseldorf

Die Deutsche Bibliothek – CIP-Einheitsaufnahme

Domke, Helmut:
Aktive Tragwerke / Helmut Domke. – Opladen : Westdt. Verl., 1992
 (Vorträge / Rheinisch-Westfälische Akademie der Wissenschaften : Natur-, Ingenieur- und Wirtschaftswissenschaften ; N 391)
ISBN-13: 978-3-531-08391-9   e-ISBN-13: 978-3-322-85350-9
DOI: 10.1007/978-3-322-85350-9

NE: Rheinisch-Westfälische Akademie der Wissenschaften (Düsseldorf): Vorträge / Natur-, Ingenieur- und Wirtschaftswissenschaften

Der Westdeutsche Verlag ist ein Unternehmen der Verlagsgruppe Bertelsmann International.

© 1992 by Westdeutscher Verlag GmbH Opladen
Herstellung: Westdeutscher Verlag

ISSN 0066-5754
ISBN-13: 978-3-531-08391-9

Inhalt

Helmut Domke, Aachen
Aktive Tragwerke

1. Einleitung	7
2. Die Entwicklung des aktivierbaren Tragwerks	9
3. Erhöhung der Tragleistung	11
4. Das Hybridtragwerk	13
5. Ergiebigkeit der Aktivierung	14
5.1 Ausgangsgleichungen	15
5.2 Querschnittsformen	18
6. Die neuen Eigenschaften aktivierbarer Hybrid-Tragwerke	19
7. Die aktive Anlage	21
7.1 Sensoren	23
7.2 Sensoren zur Abstandsmessung	24
7.3 Meßwertverarbeitung durch Steuerungsrechner	27
7.4 Steuerzylinder	27
7.5 Gegenkraftanlage	27
7.6 Integrationsrechner	30
7.7 Ansprechverzögerung und Steuerungsstrategien	30
7.8 Einholende Regelung	31
7.9 Vorsteuerung durch Auflagerkräfte	32
8. Sicherheitsaspekte	33
Übersicht über das Forschungsvorhaben	35
Literatur	37

Anhang:
Dr.-Ing. *Dietmar Streck*, Aachen
Leistungssteigerung aktiver Tragwerke

1. Einleitung	39
2. Ableitung der verwendeten Formeln	40

3. Zahlenbeispiel 44
4. Häufig verwendete Symbole 47

1. Einleitung

Ende der siebziger Jahre war die Entwicklung von Sensoren und Steuerungsrechnern soweit fortgeschritten, daß an ihren praktischen Einsatz auch im Bauwesen gedacht werden konnte. In Amerika wie in Europa wurden erste theoretische Betrachtungen angestellt. Dabei wurden, durch die Umstände bedingt, in Amerika und Deutschland unterschiedliche Wege eingeschlagen.

In Amerika konzentrierte sich das Interesse auf Möglichkeiten, stochastische Schwingungen, wie sie durch Wind oder Erdbeben entstehen, mit aktiven Mitteln zu unterdrücken. Im ersten Schritt sollten gefährliche Resonanzen zwischen dem Eigenschwingverhalten des Bauwerks und den jeweiligen Erregerschwingungen verhindert werden. Lagen die nicht beeinflußbaren Erregerschwingungen zu nahe an den Eigenschwingungen, so sollte das Eigenschwingverhalten der Tragkonstruktion durch Veränderung der Lastabtragungswege und des Eigenspannungszustandes verändert werden. Wo dies nicht möglich war, sollten passive Schwingungsdämpfer eingebaut werden, deren Eigenschwingungsverhalten aktiv so verändert werden kann, daß ihre Tilgungskraft gegenüber wechselnden Erregerfrequenzen optimal bleibt.

Zur Steuerung solcher Effekte müssen die jeweiligen Erregerschwingungen nach Frequenz und Stärke meßbar sein und die Ergebnisse zu Steuerdaten für die aktive Gegenwirkung verarbeitet werden können.

Die dabei auftretenden Kräfte lassen sich mit Hilfe der Differentialgleichung für den Einmassenschwinger (Bild 1) ermitteln, wenn eine Störfrequenz überwiegt. Diese Gleichung lautet allgemein:

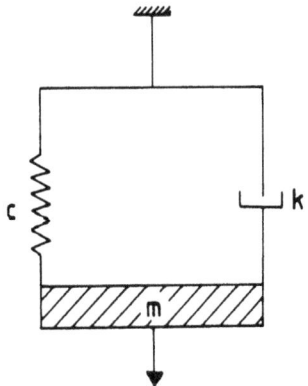

Bild 1: Einmassenschwinger

$$\frac{d^2y}{dt^2} m + \frac{dy}{dt} k + y\, c = F(t)$$

(Trägheitskräfte + Reibungskräfte + Federkräfte = resultierende Kraft)

Die praktische Handhabung des Verfahrens wird jedoch um so komplizierter, je mehr kritische Frequenzen gleichzeitig auftreten, deren aktive Regelungsfrequenzen sich zudem noch gegenseitig beeinflussen.

Das Verhalten einer solchen Regelung bei Teilausfällen scheint überhaupt noch nicht untersucht zu sein. Es sind daher noch keine größeren Bauwerke bekannt, an denen das Verfahren über längere Zeit erfolgreich angewendet wurde. Inzwischen wurde 1990 in den USA ein nationales Forschungskomitee gegründet, das alle denkbaren Verfahren zur aktiven Beeinflussung von tragenden Konstruktionen in großer Breite untersuchen will (US National Workshop and Panel on Structural Control).

Unabhängig davon untersuchte der Verfasser schon im Jahre 1960 die Möglichkeiten zur Automatisierung eines Prozesses, den er bei der Sicherung einer 1300 m langen Durchlaufbrücke gegen Stützensenkungen infolge Bergbau mit manueller Steuerung durchführen ließ. Dabei wurden alle ein bestimmtes Maß überschreitende ungleichmäßige Stützensenkungen durch hydraulische Pressen rückgängig gemacht. Voraussetzung hierfür war, daß in den Regelungspausen keine größeren als die berechneten ungleichmäßigen Setzungen auftraten, was durch sorgfältige Überwachung des Abbauvorgangs durch das Bergwerksunternehmen ermöglicht wurde. Das reibungslos über fast zehn Jahre durchgeführte Verfahren brachte, durch die Vereinfachung der Konstruktion und die Vermeidung von Verkehrsbehinderungen durch das Entstehen wellenförmiger Fahrbahngradienten, Einsparungen um ein Drittel gegenüber früher notwendigen Ausgaben.

Erst Ende der siebziger Jahre waren jedoch die Voraussetzungen für einen automatischen Betrieb durch die Entwicklung brauchbarer Sensoren und schneller Rechner soweit erfüllt, daß die damit realisierbaren Möglichkeiten näher untersucht werden konnten. Dazu bildeten wir an der RWTH Aachen eine interdisziplinäre Forschungsgruppe aus Bauingenieuren, Maschinen- und Flugzeugbauern, Vermessungs- und Steuerungsfachleuten, mit denen die erkennbaren Probleme systematisch angegangen wurden. Alle theoretischen und die wichtigsten praktischen Probleme konnten bis 1991 geklärt und bewältigt werden.

Dabei wurde dieses Vorhaben durch die Bauindustrie, die Luftkissen produzierende Firma Vetter in Zülpich und vor allem durch die Bereitstellung von Förderungsmitteln des Landes Nordrhein-Westfalen wirkungsvoll unterstützt.

Das Vorgehen unserer Gruppe unterschied sich grundsätzlich von dem beschriebenen der Amerikaner. Das von Anfang an vom Verfasser verfolgte Konzept schaltet die schwierige Behandlung dynamischer Probleme dadurch aus, daß es Schwingungen der Trägermasse bereits im Stadium des Entstehens durch aktive Gegenkräfte rückgängig macht. Bei der mathematischen Behandlung aller Steuerungsprobleme fallen damit die beiden ersten Glieder der dynamischen Grundgleichung fort. Die verbleibende Aufgabe ist dann quasi-statisch und läßt sich mit Hilfe der Gleichgewichtsbedingungen allein lösen: $c \cdot y = F(t)$.

Gesteuert werden diese aktiven Kräfte durch jede Abstandsänderung der Trägerachse von einer festen Referenzebene. Ein solcher beweglicher Kopplungspunkt besteht aus einem Abstandsmesser, einem Rechner, der diese Information in Gegensteuerbefehl umsetzt und den Gegenkrafterzeuger selbst. Alle Kopplungspunkte sind völlig gleich ausgebildet und funktionieren unabhängig voneinander. Normalerweise genügen drei Kopplungsglieder in Trägermitte und in den beiden Viertelspunkten.

Dieses einfache Prinzip eignet sich nicht nur zur Verhinderung von Durchbiegungen, sondern grundsätzlich auch von Schwingungen. Darüber hinaus eröffnet es dem Bauwesen allgemein völlig neue konstruktive Möglichkeiten, die zu erheblichen Leistungssteigerungen oder Materialeinsparungen führen. Sie werden im folgenden dargestellt.

2. Die Entwicklung des aktivierbaren Tragwerks

Die ersten Überlegungen konzentrierten sich auf die Frage, wie die Durchbiegung von weitgespannten Tragwerken unter sich ständig ändernder Belastung verhindert werden kann. Als einzig gangbarer Weg erwies sich die Aufteilung des Tragwerks in eine die Last aufnehmende und verteilende Fahrbahnplatte und in die eigentliche Tragkonstruktion. Beide sind durch schnell verstellbare Kopplungsglieder miteinander verbunden (Bild 2). Diese Kopplungsglieder werden nun so gesteuert, daß jede beginnende Veränderung des Abstandes der Fahrbahnplatte von einer starren, außerhalb des Bauwerks liegenden Referenzebene sofort durch Aktivierung der Kopplungsglieder rückgängig gemacht wird. Die die Gesamtlast tragende Stützkonstruktion kann sich dabei je nach verwendetem Material mehr oder weniger stark verformen.

Wird die Durchbiegung der Fahrbahnplatte verhindert, so entsprechen die an den Kopplungspunkten ausgelösten Gegenkräfte genau der jeweils wirkenden Nutzlast und ihrer Verteilung zwischen den Auflagern.

Bild 2: Hohlkasten als Biegetragwerk

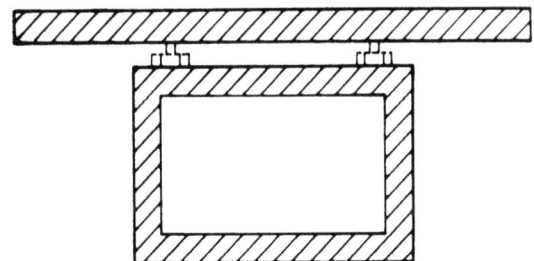

Damit sind drei wesentliche Vorteile bereits erreicht:
1. Die Nutzungsfähigkeit des Tragwerks wird nicht mehr durch die zulässige Durchbiegung begrenzt.
2. Das gemessene wirkliche Lastbild kann mit Hilfe der Gleichgewichtsbedingungen allein dazu genutzt werden, die Schnittkraft- und Spannungsverteilung im Gesamttragwerk mit größter Genauigkeit zu ermitteln.
3. Sollten mit der Zeit Veränderungen im Beanspruchungsbild auftreten, so kann die Ursache entweder auf zu hohe Verkehrsbelastung oder aber auf örtliche Schwächung des Materials zurückgeführt werden.

Die hohe Meßgenauigkeit ergibt sich dadurch, daß im Gegensatz zu den meisten heute verwendeten passiven Meßverfahren keine Verformungen, sondern Kräfte gemessen und ausgewertet werden.

Mathematisch gesehen lassen sich Schnittkräfte und Lastbilder aus Biegeverformungen nur durch mehrfache Differentiation des genauen Verlaufs der Biegelinie ermitteln:

$$M = EI \frac{d^2y}{dx^2}.$$

Abgesehen davon, daß eine ausreichend genaue Vermessung der Biegelinie praktisch nicht möglich ist, wird jeder hierbei gemachte Anfangsfehler durch jeden der folgenden Differentiationsvorgänge vergrößert, so daß das Endergebnis sehr ungenau wird.

Im Gegensatz dazu werden bei bekannten Lasten die Schnittkräfte und Verformungen durch Integrationsvorgänge ermittelt:

$$y = \iint \frac{M}{EI} \, dx \, dx.$$

Durch Integration werden Anfangsfehler in ihrer Auswirkung verringert, die Genauigkeit des Ergebnisses also gesteigert.

Leider gab es bisher keinen Weg, die jeweilige Last und ihre Verteilung über das Tragwerk kontinuierlich mit ausreichender Genauigkeit zu messen.

Um die Vorteile des zweiten Verfahrens trotzdem nutzen zu können, wurden Ersatzlasten eingeführt, die statistisch auch eine größere Zahl möglicher anderer denkbarer Lastbilder abdecken können.

Beim Einsatz eines aktiven Tragwerks werden nicht nur die tatsächlichen Lasten erfaßt, sondern gleichzeitig die Höhe und Verteilung der Beanspruchung im ganzen Tragwerk durch diese rasch wechselnden Lasten in sehr kurzen Zeitabständen automatisch ermittelt.

3. Erhöhung der Tragleistung

Der Nachteil der hier beschriebenen ersten konstruktiven Lösung liegt darin, daß sich das Gesamtgewicht des Tragwerks erhöht, weil die Fahrbahnplatte als mittragendes Element der Gesamtkonstruktion ausfällt.

Ein ganz anderes Bild ergibt sich jedoch, wenn als Stütztragwerk das Seil verwendet wird. Das Seil ist das ergiebigste Tragwerk überhaupt, da es unter jeder Belastung nur gleichmäßig über seinen Querschnitt auf Zug beansprucht wird. Momente und Querkräfte, die an den Kopplungspunkten auf das Seil übertragen werden, werden durch die selbsttätige Änderung der Seilgeometrie in Längskräfte umgewandelt. Die hohe Zugfestigkeit heutiger Stahlseile kann durch eine zusätzliche Vorspannung erschöpfend genutzt werden, um entweder die Ordinaten der Seilgeometrie zu verringern oder an Seilgewicht zu sparen. Eine Beeinträchtigung der vollen Nutzung dieser Eigenschaften durch Stabilitätsprobleme entfällt, weil Druckbeanspruchungen im Seil nicht vorkommen.

Die praktische Nutzung dieser Vorzüge im Bauwesen blieb aber aus mehreren Gründen begrenzt. Der wichtigste ist die nicht zu ändernde Tatsache, daß die Verformung der Seilgeometrie auch bei höchstmöglicher Seilvorspannung um mindestens eine Größenordnung höher liegt als die eines gleich weitgespannten Biegeträgers. Ein weiterer Nachteil liegt darin, daß die Verankerung der Seilkräfte im Baugrund nur mit Hilfe zusätzlicher z. T. erheblicher Aufwendungen möglich ist. Schließlich ist es nur in Sonderfällen möglich, die jeweilige Belastung direkt auf das Seil zu bringen (Seilbahn), so daß eine zusätzliche Fahrbahntafel angehängt werden muß (Bild 3).

Diese drei Nachteile können mit einer grundlegenden konstruktiven Maßnahme gleichzeitig gemildert werden (Bild 4). Die notwendige Fahrbahntafel wird zum Versteifungsträger, mit dem zu scharfe Biegekrümmungen aus Veränderungen der Seilgeometrie verhindert werden können und dient gleichzeitig der Rückverankerung der Seilkräfte, wodurch schwierige Verankerungen im Baugrund

Bild 3: Seiltragwerk unter Einzellast

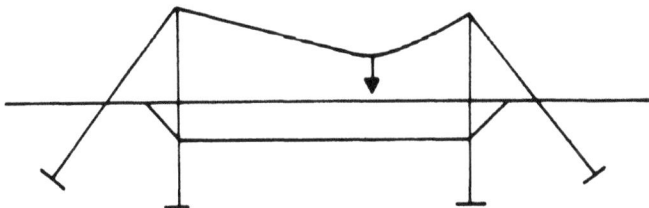

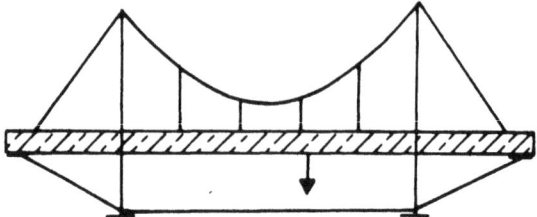

Bild 4: Hängebrücke mit Versteifungsträger

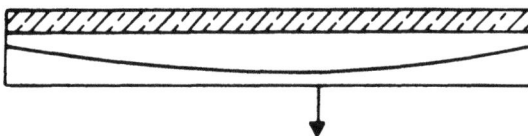

Bild 5: Spannbetonträger

unnötig werden. Dieses Bauprinzip wird daher sowohl bei kurzen Hängebrücken als insbesondere bei Spannbetonträgern angewendet.

Das Tragsystem des Spannbetonträgers (Bild 5) ist das eines seilgestützten Biegeträgers. Dabei wird das Seil so vorgespannt, daß alle Biegebeanspruchungen des Trägers infolge Eigengewicht verschwinden und in reine Druckspannungen des Querschnitts umgesetzt werden. Alle veränderlichen Lasten jedoch erzeugen zusätzliche Biegebeanspruchungen und damit eine unvollständige Ausnutzung der Festigkeit des Trägerquerschnitts.

Die heutigen Spannbetontragwerke zeigen, daß selbst mit dieser eingeschränkten Nutzung des Seiles eine merkliche Steigerung der Tragfähigkeit gegenüber reinen Biegetragwerken erreicht wird.

Eine weit über diesen Stand der Technik hinausgehende Verbesserung der Tragleistung ergibt sich nun, wenn der Versteifungsträger sich mittels aktiver Kopplungsglieder so auf das Seil abstützt, daß er bei jeder Belastung von Biegebeanspruchungen frei bleibt. Damit wird die Stützkonstruktion zum reinen Seiltragwerk. Die Zahl der möglichen Seile richtet sich danach, welche Seilzugkräfte der jetzt fast nur noch als Druckgurt wirkende Träger rückverankern kann. Das hängt neben dem Platzbedarf für die Verankerungen und der zulässigen Beanspruchung von ausreichender Knicksteifigkeit des Trägers und genügender Beulsteifigkeit seiner schlanksten Bauteile ab.

Im aktiven Tragzustand wird die Knicksteifigkeit um die gefährdetste Achse automatisch mitstabilisiert. Lediglich die Beulsteifigkeit muß durch die konstruktive Gestaltung innerhalb des gegebenen Spielraums optimiert werden.

4. Das Hybridtragwerk

Bei dieser Sachlage empfiehlt es sich, im passiven Tragzustand den seiluntersrannten Biegeträger zu verwenden und für eine frei wählbare Grundlast mit dem jeweils kleinstmöglichen Seilstich zu bemessen. Wird nun das Tragwerk durch Vergrößerung des Seilstichs aktiviert, so ändert sich mit dem Übergang zum reinen Seiltragwerk die Struktur der Gesamtkonstruktion vollständig. Die Gesamtkonzeption ist also die eines Hybridtragwerks (Bild 6).

Ändert sich im Betrieb nur die Lasthöhe, nicht aber die Lastverteilung, so kann der biegefreie Zustand des Trägers statt über aktive Kopplungsstellen durch aktiv gesteuerte Veränderung der Seilvorspannung bei unveränderter Seilgeometrie erreicht werden.

Verändert sich jedoch zusätzlich die Lastverteilung, so kann der biegefreie Zustand des Trägers nur durch gesteuerte Veränderung der Seilgeometrie erhalten bleiben.

Bei den hier gestellten Anforderungen kommt allein die zweite Lösung in Frage. Sie ist nur mit einer Konstruktion zu bewältigen, die im passiven Tragzustand

Bild 6: Tragzustände eines Hybridtragwerks

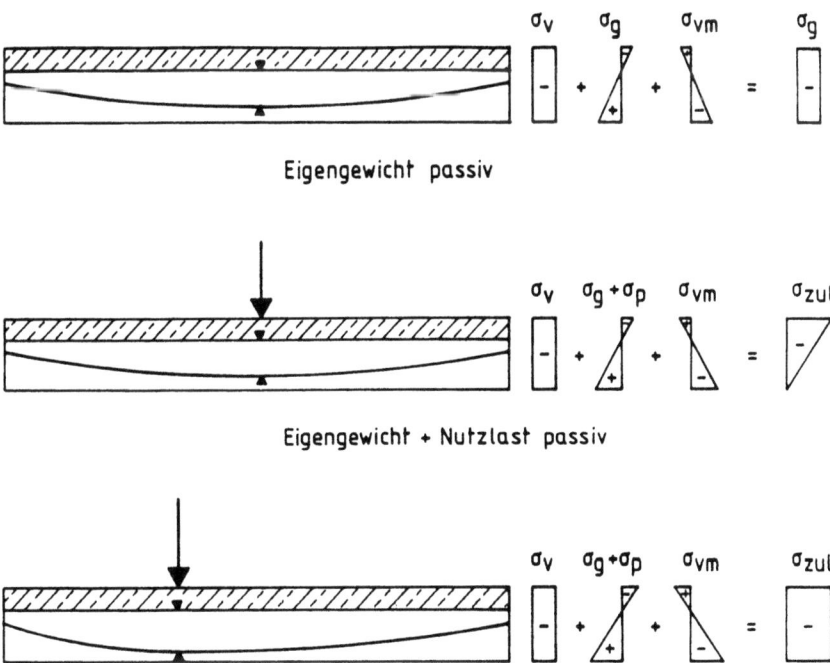

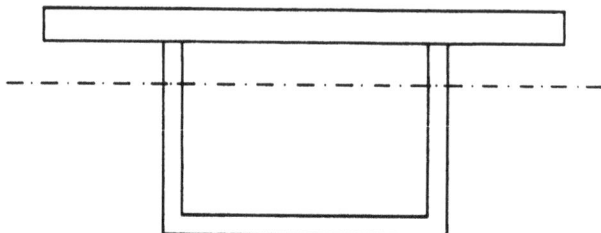

Bild 7: Verschiebung der Schwerachse des Trägers nach oben

mit einem geringeren Seilstich, dafür aber mit höheren Seilkräften arbeitet. Die optimale Lösung verlangt, daß das so erreichte entlastende Moment die gleiche Größe behält wie in einem normalen Spannbetonträger, und daß dabei keine größeren Randspannungen auftreten.

Diese Bedingung ist erfüllbar, wenn die Schwerachse des Trägers nach oben verschoben wird, wobei sich eine Verschiebung in ⅔ der Trägerhöhe als die günstigste erwiesen hat (Bild 7). Ihr weiterer Vorteil ist es, daß gegenüber einem symmetrischen Querschnitt sich der nutzbare Seilstich um etwa 30% vergrößert. Gleichzeitig mit der Vergrößerung des Seilstichs wächst auch die Seildehnung, so daß das entlastende Moment im aktiven Tragzustand schneller steigt als der zugehörige Seilstich.

Ausgehend vom passiven Tragzustand wird der optimale Effekt der Aktivierung dann erreicht, wenn durch die maximale Stichvergrößerung die zulässige Druckspannung im nahezu biegefreien Träger erreicht wird. Die dabei zu berücksichtigenden Einflüsse sind als Näherung mathematisch darstellbar.

5. Ergiebigkeit der Aktivierung

Wie bereits ausgeführt, kann die im passiven Tragzustand des Hybrids aufzunehmende Grundlast frei bestimmt werden. Je höher diese Grundlast angesetzt wird, um so geringer sind die Leistungssteigerungen im aktiven Tragzustand. Die größte Leistungssteigerung ergibt sich, wenn die Seile im passiven Tragzustand nur die Momente infolge Eigengewicht aufnehmen. Die dann noch durch Biegung vom Träger aufnehmbare Grundlast wird zum Minimum. Wird die Fläche des Trägerquerschnittes nun so bemessen, daß er im aktiven Tragzustand voll ausgenutzt wird und dabei gerade die verlangte Nutzlast trägt, so wird gegenüber einem gleich schlanken, nur passiv wirkenden Tragwerk, eine erhebliche Einsparung an Querschnittsfläche erzielt. Diese Ergiebigkeit nimmt mit zunehmender Grundlast durch die Verkleinerung der nutzbaren Stichdifferenz ständig ab. Wenn diese verbleibende Stichdifferenz nicht mehr ausreicht, das Tragwerk vom passiven in den aktiven Zustand zu versetzen, sind durch die Aktivierung keine Vorteile mehr zu erwarten.

Ein weiterer wesentlicher Punkt für die Beurteilung der Ergiebigkeit ist die Frage, ob nur die Seile aktiviert werden sollen, die zur Kompensierung der ständig wechselnden Nutzlastmomente notwendig sind. Dabei sind zunächst konstruktive Schwierigkeiten zu überwinden, da die beweglichen Seile im unbelasteten Zustand des Tragwerks keine Gegenkräfte erzeugen dürfen. Sie müssen also in Höhe der Schwerachse und parallel zu dieser vorgespannt werden. Dabei kann der Platz für die Kopplungsglieder von Fahrbahnunterkante bis Seiloberkante zu knapp werden. Sie müßten außerdem teleskopartig ausfahrbar sein, um den jetzt zu überwindenden Stich von ⅔ der Trägerhöhe zu bewältigen. Diese Lösung wäre jedoch sehr empfindlich und teuer und ihre Reaktionsgeschwindigkeit wegen der bei jedem Hub zurückzulegenden großen Strecken langsam.

Werden im Gegensatz dazu alle vorhandenen Tragseile durch die Kopplungsglieder verschoben, d. h. neben der wechselnden Nutzlast auch das volle Eigengewicht abgestützt, so verringern sich die unter der Nutzlast zu erwartenden Seilstichänderungen um das Verhältnis Nutzlast zu Nutzlast plus Eigengewicht. Soll trotzdem der volle Seilstich ausgenutzt werden, so erhöht sich die Nutzlast auf ein mehrfaches des Vergleichswertes. Ein weiterer Vorteil ist der, daß bei geringen Stichänderungen die Reaktionsgeschwindigkeit der Anlage höher ist als bei ständig notwendigen größeren Stichänderungen.

Der einzige Nachteil dieser Lösung ist der höhere Aufwand für den voluminöseren mechanischen Teil der aktiven Anlage. Die zu leistende Formänderungsarbeit bleibt dagegen nahezu gleich, da das Produkt aus anzuhebender Last und zugehöriger Seilstichzunahme fast unverändert bleibt.

5.1 Ausgangsgleichungen

Vereinfachte Annahmen [3]:
– Nutzlast p als Gleichlast;
– Verstellbare Kopplung zwischen Träger und Seil kontinuierlich.

1. Seilgestützter Biegeträger (passiver Tragzustand)

Ansatz: $\frac{g+p_r}{8} \cdot l^2 = A_p \cdot h \cdot c_B \cdot \sigma$
$\phantom{\text{Ansatz: } \frac{g+p_r}{8} \cdot l^2} = W \cdot \sigma$

Auflösung nach p

$$p_P = A_P \cdot \gamma \cdot \left(8 \cdot \frac{\sigma}{\gamma} \cdot \frac{h}{l} \cdot c_B \cdot \frac{1}{l} - 1\right)$$

oder

$$A_P = \frac{p_P}{\gamma \cdot \left(8 \cdot \frac{\sigma}{\gamma} \cdot \frac{h}{l} \cdot c_B \cdot \frac{1}{l} - 1\right)}$$

oder

$$1 = \frac{8 \cdot \frac{\sigma}{\gamma} \cdot \frac{h}{l} \cdot c_B}{\frac{p_P}{A_P \gamma} + 1}$$

2. Hybridtragwerk (passiver Tragzustand)

Bei Aktivierung notwendige Erhöhung des Seilstichs verlangt im passiven Zustand verringerten Seilstich $f = \bar{c}_A \cdot h$. Um entlastendes Moment $S \cdot f = A_a \cdot \sigma_v \cdot \bar{c}_A \cdot h$ zu erhalten, muß die Seilkraft S erhöht werden. Dies ist im passiven Tragzustand nur möglich, wenn die Schwerachse des Trägers nach oben verschoben wird. Der optimale Wert hierfür ist $c_A \cdot h = \frac{2}{3} \cdot h$.

Ansatz:

Aufnahme der Eigengewichtsmomente durch festes Stützseil

$$\frac{gl^2}{8} = A_a \cdot h \cdot \bar{c}_A \cdot (\sigma - \sigma_p)$$

$$\sigma_p = \frac{p_{gr} \cdot l^2}{8 \cdot A_a \cdot h \cdot c_B} \quad \text{(Grundlast)}$$

daraus

$$p_{gr} = \frac{c_B}{c_A} \cdot A \cdot \gamma \cdot \left(8 \cdot \frac{\sigma_v}{\gamma} \cdot \frac{h}{l} \cdot \bar{c}_A \cdot \frac{1}{l} - 1\right)$$

oder

$$A_a = \frac{\bar{c}_A}{c_B} \cdot p_{gr} \cdot \frac{1}{\gamma \cdot \left(8 \cdot \frac{\sigma_v}{\gamma} \cdot \frac{h}{l} \cdot \bar{c}_A \cdot \frac{1}{l} - 1\right)}$$

oder

$$1 = \frac{8 \cdot \frac{\sigma_v}{\gamma} \cdot \frac{h}{l} \cdot \bar{c}_A}{\frac{p_{gr}}{\frac{c_B}{\bar{c}_A} \cdot A_a \cdot \gamma} + 1}$$

3. Hybridtragwerk im vollen aktiven Tragzustand

$$p_a = A_a \cdot \gamma \cdot \left(8 \cdot \frac{\sigma}{\gamma} \cdot \frac{h}{l} \cdot c_A \cdot \frac{1}{l} - 1\right)$$

oder

$$A_A = \frac{p_a}{\gamma \cdot \left(8 \cdot \frac{\sigma}{\gamma} \cdot \frac{h}{l} \cdot c_a \cdot \frac{1}{l} - 1\right)}$$

oder

$$1 = \frac{8 \cdot \frac{\sigma}{\gamma} \cdot \frac{h}{l} \cdot c_A}{\frac{p_a}{A_a \cdot \gamma} + 1}$$

Die Ergiebigkeit der Konstruktion ist besonders groß in dem Bereich, in dem die zulässige Nutzlastbeanspruchung gleich der zulässigen ist. $\sigma_p = \sigma_{zul}$.

Wie gezeigt wurde [3], ist diese Bedingung unterhalb einer kritischen Stützweite erfüllt:

$$l_k = 8 \cdot \left(\frac{c_A}{c_B} \cdot \bar{c}_A + c_A - 1\right) \cdot \frac{\sigma}{\gamma} \cdot \frac{h}{l} \cdot c_B$$

oder nach $\bar{c}_A$ aufgelöst:

$$\bar{c}_A = \frac{c_B}{c_A} \cdot \left(\frac{\gamma}{\sigma} \cdot \frac{l}{h} \cdot \frac{1}{8 \cdot c_B} \cdot l_k + 1\right) - c_B$$

Bei darüber hinaus gehender Stützweite nimmt wegen des wachsenden Eigengewichtes die zulässige Nutzlastspannung ständig ab, erreicht aber immer noch die doppelte Nutzlast gegenüber dem passiven Tragzustand.

$$\sigma_p = 2\,(\sigma_{zul} - \sigma_g) = 2\,(\sigma_{zul} - \sigma_v)$$

Als Kriterium für die im aktiven Tragzustand erreichbare Nutzlast im Verhältnis zur im passiven Zustand aufnehmbaren Grundlast gilt das Verhältnis:

$$\frac{p_a}{p_{gr}} = \frac{\bar{c}_A}{c_B} \cdot \frac{\frac{\lambda}{1} \cdot c_A - 1}{\frac{\lambda}{1} \cdot \bar{c}_A - 1}$$

hierin ist $\lambda = 8 \cdot \frac{\sigma}{\gamma} \cdot \frac{h}{l}$

oder aufgelöst nach $\bar{c}_A$

$$\frac{1}{\bar{c}_A} = \frac{\lambda}{1} \left(1 - \frac{c_A}{c_B} \cdot \frac{p_{gr}}{p_a}\right) + \frac{1}{c_B} \cdot \frac{p_{gr}}{p_a}$$

Soll der im passiven Tragzustand bis zur Grenze genutzte Querschnitt auch im aktiven Zustand voll genutzt werden, so muß die wachsende Seildehnung mit zunehmendem Seilstich so gewählt werden, daß sie der Bedingung genügt:

$$\Delta\varepsilon = \frac{\Delta\sigma_s}{E_s} = \frac{8}{3} \cdot \left(\frac{h}{l}\right)^2 (c_A^2 - \bar{c}_A^2)$$

oder

$$\bar{c}_A = \sqrt{c_A^2 - \frac{3}{8}\left(\frac{l}{h}\right)^2 \cdot \frac{\Delta\sigma_s}{E_s}}$$

5.2 Querschnittsformen

Grundsätzlich sind alle Querschnittsformen für den aktiven Tragzustand brauchbar, sofern sie die Bedingung erfüllen, daß der Schwerpunkt des Querschnitts in ⅔ der Höhe liegt. Mit Rücksicht auf das bestmögliche Tragverhalten im passiven Tragzustand kommen allerdings nur wenige Querschnittsformen in Betracht.

1. Der unten offene Hutquerschnitt, der sich für niedrige Konstruktionshöhen besonders eignet (Bild 8a). Nachteilig ist, daß die Anlage nur von unten her gewartet werden kann und durch die zusätzliche Anbringung von unteren Abdeckplatten geschützt werden muß.

2. Der geschlossene Kastenträger, dessen hohe Torsionsfestigkeit zusätzliche Sicherheit bei Störungen der Anlage gewährt (Bild 8b). Eine Mindestinnenhöhe von 2,70 m ist hier notwendig, um alle aktiven Geräte und die Tragseile darin unterzubringen und genügend Platz für etwaige Auswechselarbeiten zu schaffen.

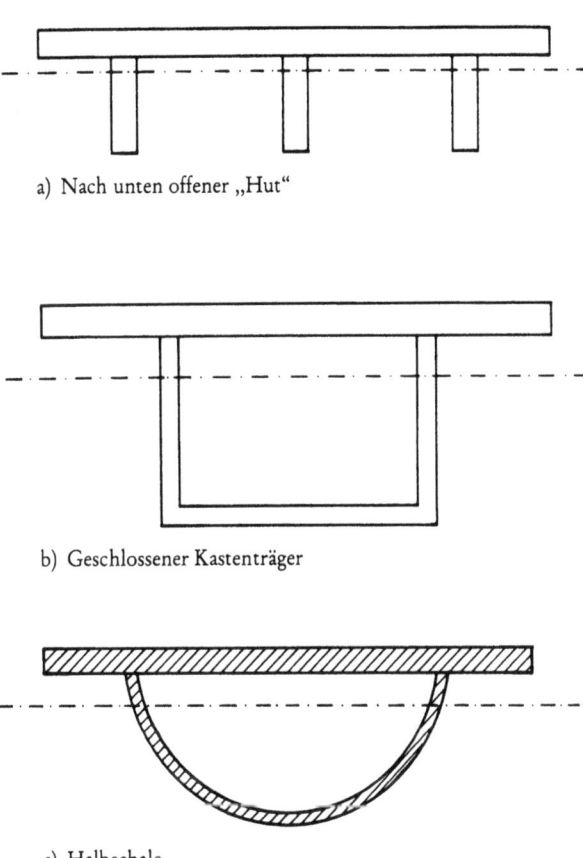

a) Nach unten offener „Hut"

b) Geschlossener Kastenträger

c) Halbschale

Bild 8: Querschnittsformen

3. Halbschale (Bild 8c). Der Vorteil dieser Konstruktion liegt darin, daß eine denkbare Beulgefahr der dünnen Wände hiermit wirkungsvoll bekämpft werden kann. Der Hauptnachteil ist, daß die volle Hubhöhe nur in der Mitte des Querschnitts vorhanden ist, die Seile also hier gebündelt werden müssen oder daß dickere Seile zu den Auflagern hin aufgespleißt werden müssen.

6. Die neuen Eigenschaften aktivierbarer Hybrid-Tragwerke

1. Bei Lastwechselfrequenzen und Schwingungen von derzeit weniger als 1,5 Hz reicht die Reaktionsgeschwindigkeit einer aktiven Anlage, die im passiven Tragzustand auftretenden Verformungen fast vollständig zu unterdrücken.

2. Durch die Aktivierung des Tragwerks ist es erstmalig möglich, die wirklichen Lasten und etwa vorhandene Zwängungskräfte direkt zu messen. Werden gleichzeitig auch die Auflagerdrücke gemessen, so sind alle äußeren Kräfte bekannt.

Es ist dann möglich, alle im Tragwerk auftretenden Schnittkräfte und die durch sie ausgelösten Spannungen mit Hilfe der Gleichgewichtsbedingungen allein durch leistungsfähige Rechner fast gleichzeitig zu ermitteln und anzuzeigen. Das Beanspruchungsbild zwischen den Kopplungspunkten gibt Aufschluß über die Größe der Sekundärmomente und Querkräfte in diesem Bereich.

Damit können Überschreitungen von ursprünglich zugelassenen Grenzspannungen frühzeitig erkannt werden. Sie sind entweder darauf zurückzuführen, daß die gemessene Belastung zu hoch war oder darauf, daß örtliche Steifigkeitsänderungen der Konstruktion infolge Materialschädigung (Bruch, Risse oder Fließverformung) entstanden sind.

Damit ist ebenfalls erstmalig die Möglichkeit gegeben, allmählich entstehende Schadstellen frühzeitig zu erkennen und sie daher mit erheblich geringerem Aufwand zu beheben, als dies nach Eintritt eines sichtbaren größeren Schadens geschehen könnte.

Natürlich erlaubt diese aktive Analyse auch, die wirklich Größe der dem Festigkeitsnachweis zugrunde gelegten Entwurfskennwerte zu messen. Hierzu gehören das spezifische Gewicht γ, die Größe des jeweiligen Elastizitätsmoduls E im Betriebsbereich sowie seine Änderung mit der Zeit, als auch die entsprechenden Gleit- und Torsionsmoduli G und T. Weiterhin sind meßbar der Temperaturbeiwert α_T, bei kriechfähigem Material der Kriechmodul Φ, die Eigenschwingungsfrequenzen erster und höherer Ordnung bei unbelastetem und belastetem Tragwerk sowie die Intensität von Spannungsschwankungen als Maß für die Materialermüdung [12].

Die aktive Anlage gestattet es weiter, die Übereinstimmung der wirklichen Ausführung mit der in den Plänen vorgesehenen nachzuprüfen. Dabei festgestellte Unstimmigkeiten – die nichtzentrische Verankerung der Spannglieder, Abweichungen der Seilgeometrie im passiven Tragzustand von der Sollage und zu hohe oder zu geringe Seilvorspannung – können gezielt korrigiert werden.

Dagegen sind die Folgen vom Maßungenauigkeiten oder von Inhomogenitäten des Materials zwar durch die Abweichungen der Trägerachse von der Druckachse durch Messung feststellbar, können aber nur unvollkommen kompensiert werden.

3. Steigerung der Tragleistung im aktiven Zustand

Ohne Änderung des Trägerquerschnitts läßt sich die aufnehmbare Nutzlast durch Hinzufügen weiterer Tragseile je nach Stützweite mindestens bis zum Doppelten der passiven Last steigern.

Kann die normale Nutzlast jedoch nur im aktiven Zustand getragen werden, so ermäßigt sich das Eigengewicht durch die bessere Materialausnutzung des Querschnitts erheblich, wobei dieser Effekt dadurch verstärkt wird, daß nun das eingesparte Eigengewicht auch nicht mehr getragen werden muß. Diese Gewichtsersparnis betrifft nicht nur das eigentliche Tragwerk, sondern auch sämtliche notwendigen Unterbauten.

4. Vergrößerung der Stützweite

Die größere Tragleistung des aktiven Zustandes kann auch dazu verwendet werden, ohne Veränderung der Querschnittsfläche bei Konstanthalten der Trägerschlankheit, die Stützweite bis zum anderthalbfachen zu vergrößern.

In Sonderfällen ist es auch möglich, ohne Veränderung der Querschnittsfläche die Konstruktionshöhe so zu drücken, daß die planmäßige Last nur noch im aktiven Zustand getragen werden kann.

Damit sind die wichtigsten konstruktiven Maßnahmen zur Leistungssteigerung durch Aktivierung des Tragwerks dargelegt:

a) Durch Höherlegen der Schwerachse Vergrößerung des möglichen Seilstichs auf ⅔ h bei gleichzeitiger Erhöhung der Seilkraft um die Hälfte.

b) Minimierung der im passiven Zustand aufnehmbaren Grundlast.

c) Aktivierung aller Tragseile einschließlich der zur Aufnahme des Eigengewichts notwendigen.

Das beschriebene Hybridtragwerk zeigt seine Vorzüge unabhängig von den jeweils verwendeten Baustoffen.

Es eignet sich nicht nur für den Verbundwerkstoff Spannbeton, sondern gleicherweise für reine Stahlkonstruktionen sowie Holz- oder Kunststoffkonstruktionen, deren heutige Leistungsgrenzen damit deutlich überschritten werden.

Die auf diese Weise erreichbaren Leistungssteigerungen aktivierbarer Tragwerke wurden von meinem langjährigen Mitarbeiter Dr.-Ing. Dietmar Streck im Anhang Seite 39 ff. in nachvollziehbarer Form dargestellt.

7. Die aktive Anlage

Die Anlage muß so einfach wie möglich ausgelegt sein, um auch dem Laien ihre Funktion verständlich zu machen und eine größtmögliche Betriebssicherheit zu gewährleisten (Bild 9). Dazu gehört:

1. An jedem Kopplungspunkt werden die gleichen aktiven Bauteile eingebaut. Es sind dies Meßwertaufnehmer, Steuerungsrechner, hydraulische Steuerzylinder und geschlossene Gegenkraftanlage. Es brauchen daher nur wenige Ersatzteile vorgehalten zu werden, um Störungen schnell zu beheben.

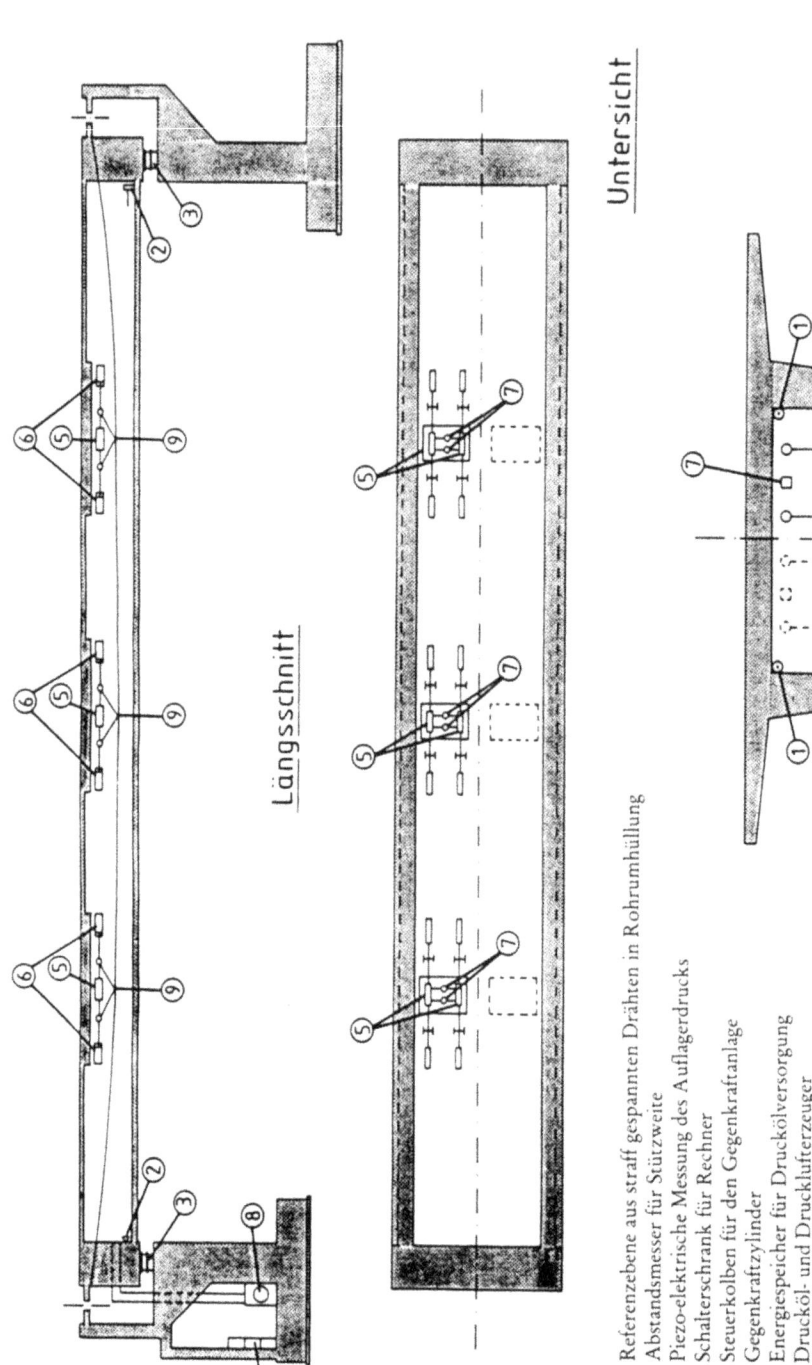

① Referenzebene aus straff gespannten Drähten in Rohrumhüllung
② Abstandsmesser für Stützweite
③ Piezo-elektrische Messung des Auflagerdrucks
④ Schalterschrank für Rechner
⑤ Steuerkolben für den Gegenkraftanlage
⑥ Gegenkraftzylinder
⑦ Energiespeicher für Druckölversorgung
⑧ Drucköl- und Drucklufterzeuger
⑨ Seillage im passiven Tragzustand
⑨a Seillage im aktiven Tragzustand

Bild 9: Aktive Tragwerksanlage

2. Das grundsätzliche Steuerprinzip reagiert nicht auf unterschiedliche Durchbiegungen des Trägers, sondern macht Abweichungen von einer festen Entfernung der Trägerachse zu einer vom Bauwerk unabhängigen Referenzebene schon im Stadium des Entstehens durch die Aktivierung von Gegenkräften rückgängig. Dadurch bleibt der Träger bei allen Belastungsänderungen praktisch im Ruhezustand. Das besondere an dieser dynamischen Regelung ist also, daß sie nicht durch Massenkräfte des Trägers beeinflußt wird. Lediglich Kolben und Gestänge der aktiven Anlage sowie das Tragseil erzeugen Massenkräfte, die im Verhältnis zu den wirksamen statischen Kräften verschwindend klein sind und keine äußeren Reaktionen hervorrufen.

Durch dieses Prinzip werden automatisch auch alle gegenseitigen Beeinflussungen der Kopplungspunkte durch den Regelungsvorgang miterfaßt.

7.1 Sensoren

Die notwendigen Steuerungsdaten werden durch verschiedene Arten von Sensoren gewonnen.

Die Meßwertaufnehmer bestehen aus Sensoren, die krasse Temperaturunterschiede zwischen −30° C und +50° C vertragen, unempfindlich gegen relative Luftfeuchtigkeiten von 40-100% sind, deren Funktionsfähigkeit durch Verschmutzung ebensowenig beeinträchtigt wird wie durch stoßweise Beanspruchung oder Vibrationen. Alle Sensoren müssen gut zugänglich und im Bedarfsfall auf einfachste Weise auswechselbar sein.

Folgende Sensoren erwiesen sich im bisherigen Versuchsbetrieb als geeignet:

1. Drucksensoren, Gasdruck- oder Öldruckmembranen zur Messung des Betriebsdrucks in Druckbehältern, Zylindern und Gasdruckspeichern (Bild 10).

Bild 10: Stützmembran unter Auflagerkörper

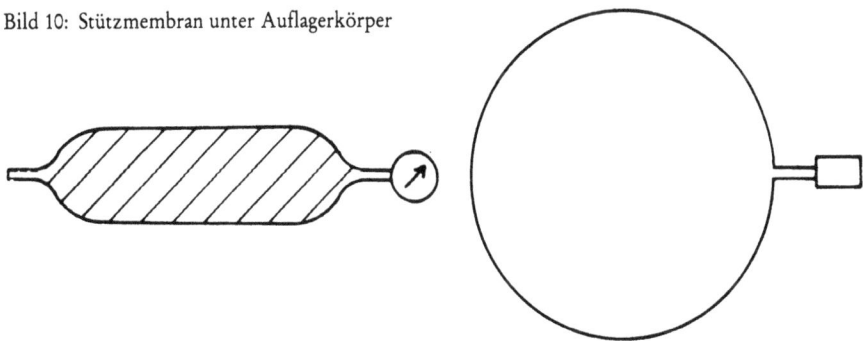

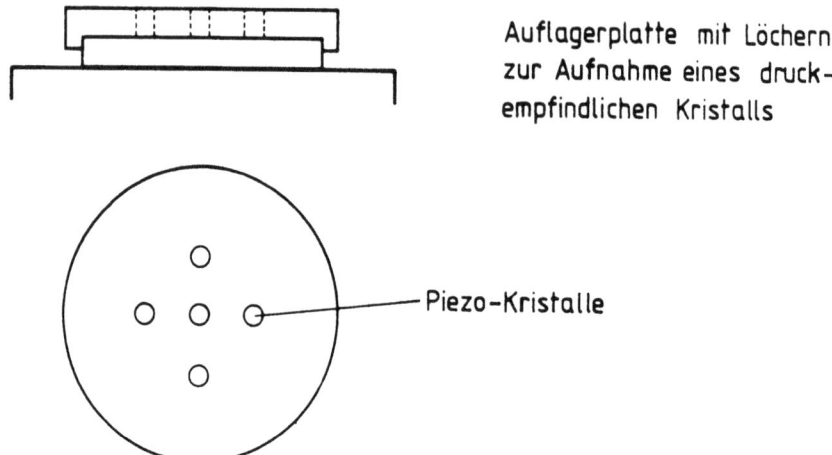

Bild 11: Auflagerplatte über Auflagerkörper

2. Piezoelektrische Sensoren zur Messung von Druckänderungen in Auflagern und an den Lastübertragungsstellen der Kopplungsglieder (Bild 11).

Diese Sensoren müssen elektrisch vorgespannt sein mit der unter Eigengewicht allein gemessenen Spannung, da ohne diese Vorkehrung der Spannungszustand hierfür nicht über längere Zeit aufrechterhalten werden kann. Schnelle Lastwechsel werden dagegen ohne Vorspannung sehr genau angezeigt.

7.2 Sensoren zur Abstandsmessung

Sie werden verwendet zur Messung sehr kleiner Abstandsänderungen zwischen Bauwerksachse und Referenzdrähten. Die Messung muß berührungsfrei erfolgen.

Dies geschieht entweder mit Hilfe photoelektrischer Methoden, bei denen die jeweilige Lage des durch den Referenzdraht erzeugten Lichtschattens auf den lichtempfindlichen Zellen gemessen wird (Bild 12). Eine andere Möglichkeit ist das Interferometer, bei dem im Referenzdraht erzeugte elektrische Schwingungen in eine direkte und in eine von oben gespiegelte Wellenfront aufgeteilt sind. Die durch Überlagerung beider Wellen erzeugten Interferenzbilder können zu sehr genauen Meßergebnissen ausgewertet werden.

Bei größeren zu messenden Abständen, wie dem der Widerlager des Bauwerks, können die Phasenverschiebungen zwischen direktem und gespiegeltem Laserlicht gemessen werden. Bei kürzeren Abständen, wie beispielsweise der Seilstichveränderung, genügen einfache Induktionsmeßgeräte.

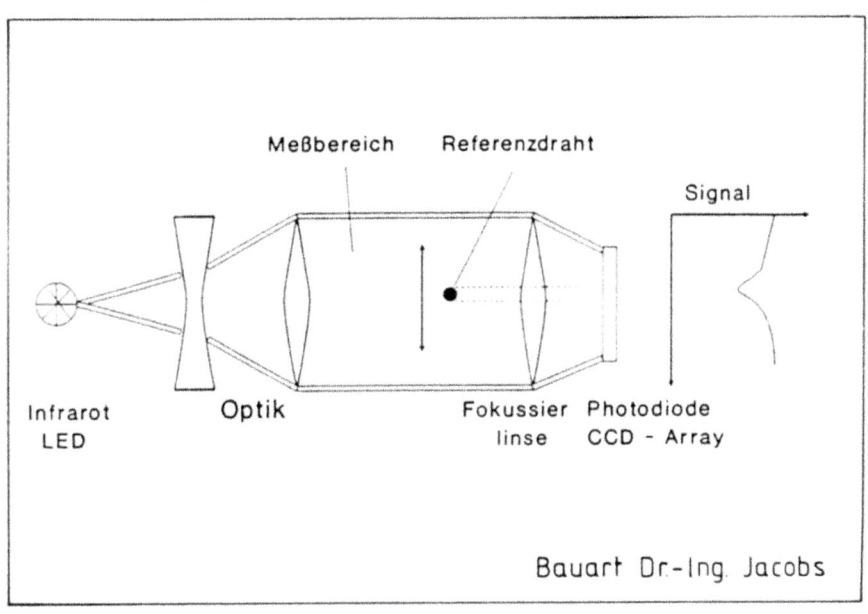

Bild 12: Photo-elektrisches Abstandsmeßgerät
oben Prinzip, unten Ansicht

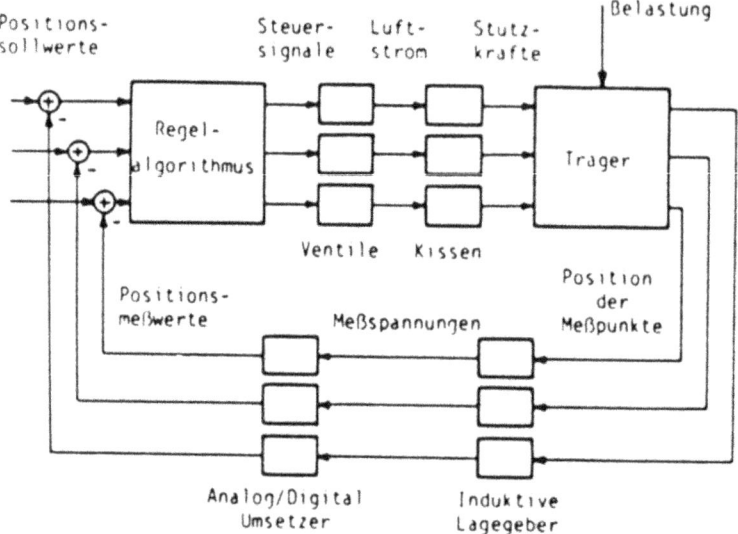

Bild 13: Schaltbild der Meßwertverarbeitung

Bild 14: Gegenkraftanlage
oben Einbau-Prinzipien, unten Ansicht der nachträglich angebauten Gegenkraftanlage mit Energierückgewinnung

7.3 Meßwertverarbeitung durch Steuerungsrechner

Die von den Meßwertaufnehmern gelieferten Daten müssen zu Steuerbefehlen für die Verschiebezylinder der Gegenkraftanlage verarbeitet werden. Je nach Betriebsart sind dafür unterschiedliche Steuerungsstrategien notwendig, um den optimalen Wirkungsgrad zu erreichen. Die Steuerungsprogramme sind daher auswechselbar.

Alle Steuerungsrechner an den Kopplungspunkten sind gleich und reagieren nur auf örtliche Abweichungen der Trägerachse von der Referenzebene (Bild 13).

7.4 Steuerzylinder

Um eine möglichst hohe Reaktionsgeschwindigkeit zu erreichen, sind die den Hydraulikfluß steuernden Ventile sehr großzügig bemessen. Als Proportionalventile stellen sie sich genau auf die jeweils benötigte Durchflußmenge ein.

Fällt die Steuerung eines solchen Zylinders aus, so können die Hubräume beiderseits des Zylinders direkt miteinander verbunden werden. Der Steuerzylinder setzt dann einer Bewegung der Gegenkraftanlage keinen Widerstand mehr entgegen.

7.5 Gegenkraftanlage mit Energierückgewinnung

Die ursprüngliche Erzeugung der aktiven Gegenkräfte mit Druckkissen erwies sich als unwirtschaftlich, da die hierfür aufgewendete Energie bei Entlastung verlorenging.

Die jetzt verwendete geschlossene Gegenkraftanlage besteht aus Druckzylindern, deren Kopf einen Speicherraum bildet. Durch eine kinematische Übersetzung wächst die bei abnehmendem Speicherdruck auf das Seil übertragene Gegenkraft mit dem Seilstich. Im aktiven Tragzustand läßt sich diese Anlage so einstellen, daß bei jedem möglichen Seilstich Gegenkraft und Seilwiderstandskraft nahezu gleich sind (Bilder 14 und 15). Das bedeutet, daß mit steigender Belastung die Speicherenergie in Seildehnungsenergie umgesetzt wird. Bei Entlastung wird diese Energie in die ursprüngliche Speicherenergie zurückverwandelt.

Die Steuerzylinder müssen die Anlage von einem Gleichgewichtszustand in einen anderen verschieben und dabei gleichzeitig Verluste durch lastbedingte Gleichgewichtsstörungen, Trägheitswiderstände, Leckagen und Reibung kompensieren (Bild 16).

Um diese Verluste klein zu halten, müssen die Kolben bei hohem Betriebsdruck dicht und leichtgängig sein.

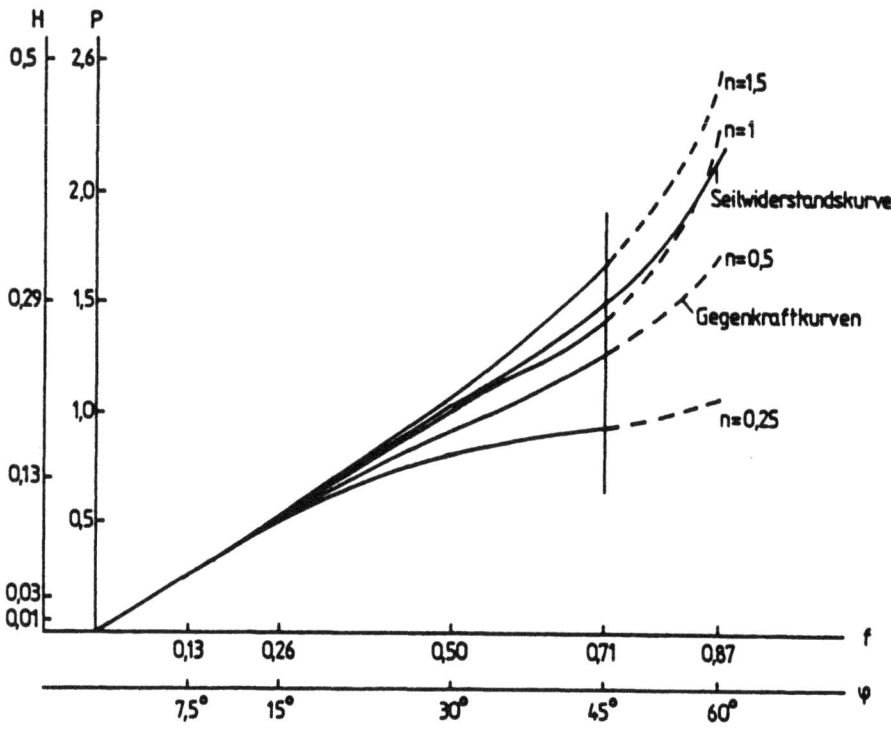

Bild 15: Verstellbarkeit des Verhältnisses Speicherlänge zu Pendellänge lp

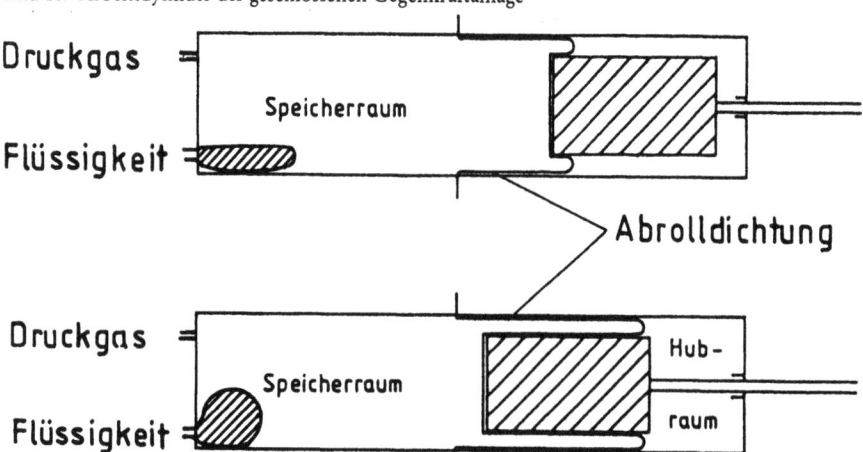

Bild 16: Arbeitszylinder der geschlossenen Gegenkraftanlage

Da beide Forderungen bisher nur bei relativ geringen Betriebsdrücken gleichzeitig erfüllbar sind, muß eine Kompromißlösung gefunden werden, die zugunsten der Leichtläufigkeit auf absolute Dichtigkeit verzichtet. Die dann auftretenden Lecköl- oder Gasverluste müssen laufend ersetzt werden. Die dazu notwendigen Druckerzeugungsanlagen sind zum Betrieb der Steuerungshydraulik ohnehin vorhanden. Die Entscheidung für die geeignetste Lösung wird damit zu einer Frage der hinnehmbaren Betriebskosten. Grundsätzlich verringert sich der Herstellungsaufwand mit steigenden Leckverlusten.

Von besonderer Bedeutung für die Betriebssicherheit ist die Tatsache, daß der vollständige Ausfall der aktiven Steuerung eines einzelnen Kopplungspunktes nicht schlagartig zum Ausfall der Gegenkraftanlage führt. Diese bleibt vielmehr so lange in ihrer letzten Position stehen, bis das Gleichgewicht zwischen Gegenkraft und Seilumlenkkraft am ungesteuerten Kopplungspunkt gestört wird (Bild 17).

Diese Störung kann nur durch Veränderung des Seilumlenkwinkels erzeugt werden, was allein durch Änderung des Seilstichs an den benachbarten intakten Kopplungspunkten geschehen kann. Wie leicht zu erkennen ist, bewegt sich dann die ungesteuerte Gegenkraftanlage genau in die Richtung, die sie im gesteuerten Zustand genommen hätte.

Bild 17: Automatischer Nachlauf bei Ausfall der Steuerung des mittleren Kopplungspunktes

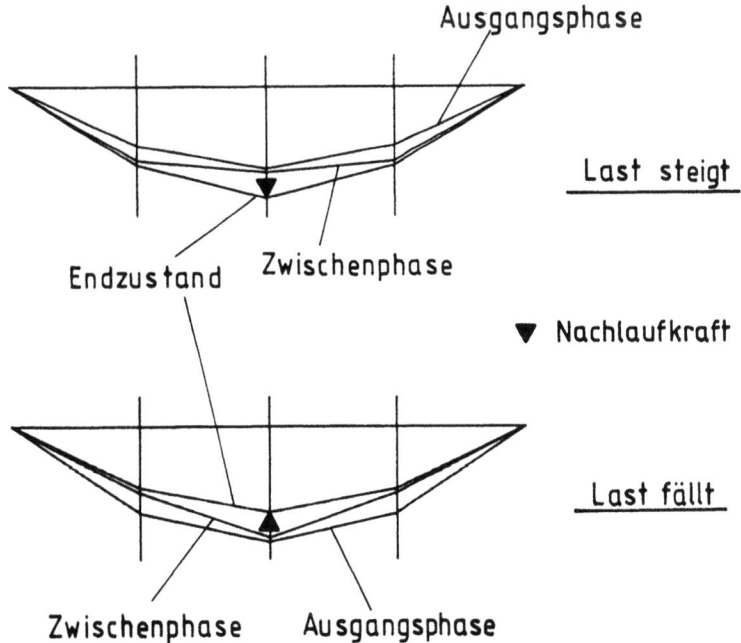

7.6 Integrationsrechner

Der Integrationsrechner hat die Aufgabe, alle an den einzelnen Kopplungspunkten gemessenen Gegenkräfte sowie die gleichzeitig gemessenen Auflagerkräfte abzurufen und mit Hilfe der Gleichgewichtsbedingungen allein die daraus resultierenden Schnittkräfte im Tragwerk mit den dabei erzeugten Spannungen nahezu gleichzeitig für den aktiven und passiven Tragzustand zu berechnen.

Der Integrationsrechner hat weiterhin die Aufgabe festzustellen, ob und an welchen Punkten die als zulässig angesetzten Spitzenspannungen überschritten werden. Beim gleichzeitigen Vergleich der gemessenen mit der zulässigen Belastung können Lastüberschreitungen nach Höhe und Zeitpunkt festgehalten werden. Besteht kein Zusammenhang zwischen Lastbild und ungewöhnlicher Spannungsüberschreitung, so liegt eine beginnende Schädigung des Tragwerks vor. Dieser Rechner kann daher automatisch unterscheiden, ob Spannungsüberschreitungen durch zu hohe Last oder durch Materialfehler bedingt sind. Werden dabei vorgegebene Toleranzmaße überschritten, so gibt dieser Rechner automatisch einen Fernalarm an eine zentrale Überwachungsstelle.

7.7 Ansprechverzögerung und Steuerungsstrategien

Die Reaktionsgeschwindigkeit der Anlage hängt prinzipiell von der Ansprechverzögerung ab, die sich aus verschiedenen Einflüssen zusammensetzt. Das ist zunächst die Zeit, die vergeht, bis eine Last eine meßbare Abweichung der Tragwerkachse von der Sollage erzeugt. Sie verlängert sich weiter, wenn störende Messungsanteile, wie die durch höher frequente Vibrationen, aufgefiltert werden müssen. Schließlich erfordert die Ausführung des ausgesandten Steuersignals einen weiteren Zeitanteil.

Durch diese Verzögerung wird grundsätzlich das durch die Steuerung erzeugte Gegenkraftbild etwas hinter dem tatsächlichen Lastbild zurückbleiben. Das wirkt sich besonders nachteilig aus, wenn die zur Kompensation der Abweichung aufgebaute größte Gegenkraft erst dann voll wirkt, wenn die Lastwirkung schon abgenommen hat. Es entstehen dabei unerwünschte zusätzliche Momente, die bei zu großer Ansprechverzögerung außerdem noch Regelungsschwingungen auslösen können.

Dieses grundsätzliche Problem läßt sich durch geeignete Steuerungsstrategien aber weitgehend entschärfen. Zwei solcher Möglichkeiten werden noch näher dargestellt.

7.8 Einholende Regelung

Die Zeit zum Messen einer Abweichung kann erheblich verkürzt werden, wenn in der Anfangsphase die Regelung nur auf solche Werte anspricht, deren Amplitude größer als die der gleichzeitig auftretenden Vibrationen ist. Dadurch entstehen zwar am Anfang der Regelung zusätzliche Biegemomente im Träger, die jedoch von dessen noch nicht voll ausgenutztem Querschnitt ohne Überbeanspruchung aufgenommen werden können. Bei voller Ventilöffnung holt die so ausgelöste Gegenwirkung die tatsächliche Verformung schnell ein. Wird die Sollage überschritten, so wechselt das Vorzeichen der Abweichung. Die nun einsetzende Drosselung bewirkt eine allmähliche Annäherung an den Sollwert mit dem der Ist-Wert bei ungünstigster Laststellung, d.h. bei größter Gegenkraft übereinstimmen soll. Ein Hin- und Herpendeln um die Sollage kann hierbei verhindert werden, so daß mehr Zeit für eine Feinregelung in dieser Phase bleibt (Bild 18).

Bild 18: Einholende Regelung

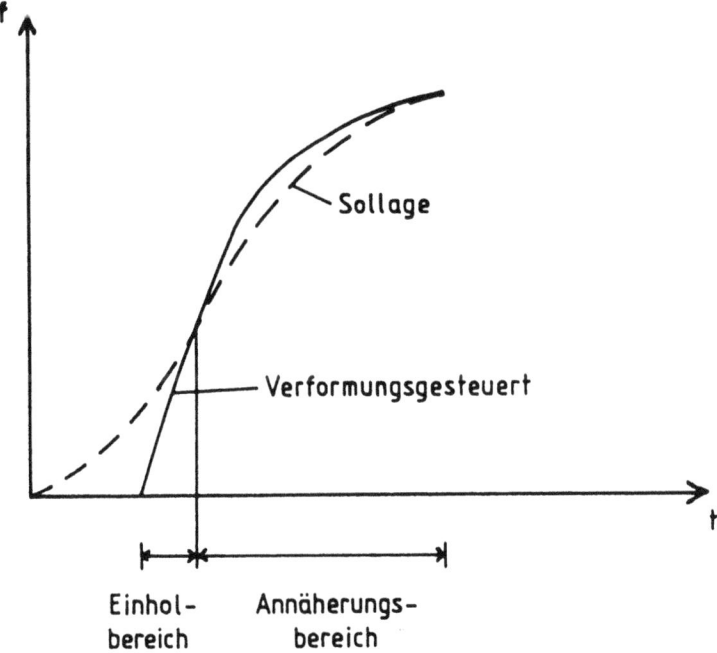

7.9 Vorsteuerung durch Auflagerkräfte

Durch Messen der Veränderung der Auflagerkräfte beim Überfahren einer Last wird deren Höhe aus der Summe der beiden Auflagerkräfte und deren jeweiliger Lastschwerpunkt aus der Differenz dieser Auflagerkräfte praktisch sofort festgestellt.

Für das Überfahren des Trägers durch eine Einzellast lassen sich diese Daten vorab exakt ermitteln. Das gleiche gilt für die Überfahrt einer gleichmäßigen Streckenlast von der Länge des Trägers. Bei jeweils gleicher Gesamtlast liegt die wirkliche Lastverteilung zwischen diesen beiden Grenzfällen.

Da bei diesem Verfahren nur Druckveränderungen bei kleinsten Formänderungen gemessen werden, tritt praktisch keine Ansprechverzögerung auf. Um die so erzeugten Gegenkräfte an das wirkliche Lastbild anzupassen, müssen die verbleibenden Verformungen mit Hilfe der nicht verzögerungsfreien Grundregelung rückgängig gemacht werden. Die hierzu notwendigen Korrekturen können um eine Größenordnung kleiner sein als die ohne festes Programm ermittelten. Eine erhebliche Beschleunigung der Reaktionsgeschwindigkeit ist die Folge (Bild 19).

Bild 19: Verzögerungsfreie Regelung durch Programm

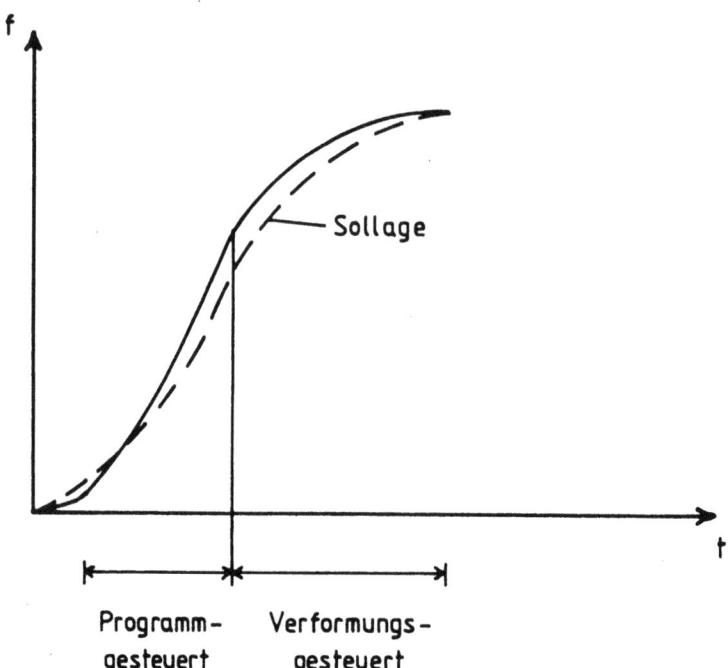

Generell ist eine weitere Beschleunigung der Reaktionsgeschwindigkeit der Anlage bei gleichzeitiger Unterdrückung hektischer Steuerausschläge durch Einbau von Elementen der unscharfen Logik (fuzzy logic) in die Steuerstrategien möglich.

Alle hier angedeuteten Möglichkeiten zur Erhöhung der Reaktionsgeschwindigkeit durch neue Steuerungsstrategien lassen sich ohne Änderungen der vorgesehenen Anlage nur durch Austausch der Programme für die Steuerungsrechner realisieren und erproben. Es besteht daher kein Zweifel, daß die bisher der Bemessung zugrunde gelegte Reaktionsgeschwindigkeit im Bedarfsfall noch wesentlich erhöht werden kann.

Zusammenfassend kann festgestellt werden, daß der Spielraum für die Optimierung der aktiven Anlage und aller ihrer Teile so groß ist, daß er jeder denkbaren Anforderung während des Versuchsbetriebes gewachsen ist.

8. Sicherheitsaspekte

1. Die eigentliche Baukonstruktion kann durch die aktive Anlage ständig oder in kurzen Abständen erstmalig vollständig überwacht werden, weil sie neben der jeweils wirkenden Last und ihrer Verteilung praktisch gleichzeitig die daraus resultierende Beanspruchung aller tragenden Teile im aktiven wie im passiven Tragzustand anzeigt. Dabei werden nicht nur Biegebeanspruchungen, sondern auch Querkräfte und Torsionsbeanspruchungen exakt ermittelt.

Sich anbahnende Schäden werden so frühzeitig durch die Überwachungsanlage gemeldet, daß sie behoben werden können, bevor sie größere Ausmaße erreichen. Damit können in Zukunft alle Sicherheitszuschläge entfallen, die durch unsichere, nicht meßbare Daten notwendig wurden.

2. Zu den Sicherheitsmaßnahmen der aktiven Anlage selbst gehören Funktionsprüfungen durch Nutzung der Verträglichkeitsbedingungen.

Als Reaktion auf Belastung müssen beispielsweise die durch Sensoren gemessenen Übertragungskräfte zwischen Seil und Gegenkraftanlage übereinstimmen mit denen, die indirekt aus den Daten der Gegenkraftanlage (Speicherdruck, Kinematik und Übersetzung) gewonnen werden.

Diese Kräfte müssen weiterhin aus dem jeweiligen Seilumlenkungswinkel bei bekannter Seilkraft in gleicher Größe hervorgehen. Schließlich kann die Größe der Seilkraft aus dem Seilstich und der sie erzeugenden Belastung nachgeprüft werden.

Die Ursachen festgestellter Abweichungen können analysiert und als Mittel zur Schadensfrüherkennung verwandt werden.

Eine weitere bewährte Methode zur Schadensfrüherkennung ist bei allen beweglichen und damit dem Verschleiß ausgesetzten Teilen möglich. Dabei werden ständig gemessen die Größe der Reibungsverluste von Kolben und Lagern und die festgestellten Lecköl- und Gasverluste. Werden diese Werte sorgfältig verfolgt, ist ein plötzlicher Ausfall fast ausgeschlossen.

Ausfälle bei Sensoren, Steuerungsrechnern und Steuerungsventilen sind demgegenüber nicht durch zuverlässige Anzeichen vorhersehbar. Hier hilft i.a. nur die Nutzung direkter oder indirekter Redundanz. Da die vorgesehene Anlage aus einer großen Zahl völlig gleichartiger Elemente besteht, kann die indirekte Redundanz besonders erfolgreich genutzt werden. Dazu sind keine weiteren Vorrichtungen notwendig, da die benachbarten Kopplungspunkte systembedingt die Aufgabe eines ausgefallenen Kopplungspunktes mitübernehmen.

Fällt nur die Steuerung eines Kopplungspunktes aus, so muß der Steuerzylinder durch Verbindung beider Kolbenseiten frei beweglich gemacht werden, damit die beschriebene weitere Mitwirkung der jetzt nur noch durch Gleichgewichtsstörungen geregelten Gegenkraftanlage gesichert bleibt.

Fehlfunktionen der Steuerung sind gefährlicher, weil in ihrer Wirkung unvorhersehbarer als vollständige Ausfälle.

Daher ist es wichtig, daß unmögliche oder mit den Nachbarelementen unverträgliche Fehlfunktionen sofort zur Abschaltung der Steuerung des betroffenen Kopplungspunktes führen müssen. Die dabei angewendeten Verfahren sowie weitere Möglichkeiten sind aus dem Flugzeugbau bekannt.

Forschungsvorhaben „Aktive Verformungskontrolle",
später „Aktive Tragwerke", an der RWTH Aachen

Zusammensetzung der interdisziplinären Forschungsgruppe

Prof. Dr.-Ing. *Helmut Domke*
  Mitarbeiter Dr.-Ing. *Dietmar Streck*
Gesamtverantwortung für
  a) Theoretische Grundlagen für aktivierbare seilgestützte Biegeträger mit Nachweis der erzielbaren Vorteile
  b) Entwicklung des Konstruktionsprinzips für solche Tragwerke unter dem Gesichtspunkt größter Einfachheit und Zuverlässigkeit und eines möglichst großen Spielraumes zur nachträglichen Optimierung der Wirkungsweise ohne Umbauten
  c) Schaffung einer einfachen Vorrichtung zur Rückgewinnung des größten Teiles der bei aktivem Betrieb aufgewendeten Formänderungsarbeit

Prof. Dr.-Ing. *Berthold Witte*
  Mitarbeiter Dr.-Ing. *Busch*, Dr.-Ing. *Jakobs*
  Entwicklung einer berührungs- und trägheitslosen funktionierenden Meßeinrichtung hoher Genauigkeit zur Messung von Abstandsänderungen der Trägerebene von einer starren Referenzebene. Die Meßwerte werden in digitalisierter Form an den Steuerungsrechner weitergegeben.

Prof. Dr. sc. techn. *Heinrich Meyr*
  Mitarbeiter Dr.-Ing. *H. Bouten*
  Entwicklung eines Gerätes zur Steuerung der Gegenkraftanlage mit variablen Programmen zur Erzielung optimaler Genauigkeit und Reaktionsgeschwindigkeit

Prof. Dr.-Ing. *Wolfgang Backé*
  Mitarbeiter Dipl.-Ing. *Dahmann*
  Anpassung pneumatischer Antriebe an die besonderen Bedingungen aktiver Gegenkraftanlagen, von steuerbaren Druckkissen bis zu geschlossenen Anlagen mit Energierückgewinnung. Erproben von Methoden zur Steigerung der Zuverlässigkeit und Schadensfrüherkennung.

Außerdem wirken mit:

Prof. Dr.-Ing. *Jürgen Güldenpfennig*
Lehrstuhl für Mechanik und Baukonstruktionen
- Bereitstellung und Betreuung der Versuchseinrichtungen
- Untersuchungen zum Verhalten aktiver Tragwerke in Grenzbereichen bei wachsender Reaktionsverzögerung
- Vertreter des Projektleiters

Prof. Dr.-Ing. *Gerhard Sedlacek*
Lehrstuhl für Stahlbau
- Entwicklung alternativer Analyseverfahren
- Betreuung von Diplomarbeiten über konkrete Möglichkeiten zur Nutzung aktiver Gegenkräfte

Akadem. Oberrat *G. Hirsch*
Institut für Leichtbau
- Organisation von Tagungen über aktive Verformungskontrolle
- Herstellen funktionsfähiger Modelle im Maßstab 1:10
- Eingehende Informationen über ähnliche Aktivitäten in USA und Japan

Ltd. Ministerialrat i. R. Dr.-Ing. E.h. *Hanno Goffin*
- Sicherheitsfragen und Förderung des Vorhabens

Folgende Firmen bauten nach den Plänen des Verfassers einen 10 m langen Versuchsträger auf ihre Kosten, mit dem die theoretischen Grundlagen voll verifiziert werden konnten:

Hochtief, Essen   (Betonkonstruktion)
Suspa, Langenfeld   (Spannglieder)
Vetter, Zülpich   (Aktive Druckkissen)

Literatur

[1] Domke, H.: Sicherungsmaßnahmen gegen Bergschäden und Erdbeben sowie ihre Auswirkungen auf neuere konstruktive Entwicklungen im Bauwesen. Westdeutscher Verlag (1979)
[2] Domke, H.; Backé, W.; Meyr, H.; Hirsch, G.; Goffin, H.: Aktive Verformungskontrolle von Bauwerken. Bauingenieur 56 (1981) 405–412
[3] Domke, H.; Backé, W.; Theissen, H.; Meyr, H.; Bouten, H.; Zach, B.; Witte, B.; Busch, W.; Goffin, H.: Leistungssteigerung von Biegetragwerken durch Aktive Verformungskontrolle. Bauingenieur 59 (1984) 1–8
[4] Neue Möglichkeiten in der konstruktiven Gestaltung von Bauwerken. Akademie Vortrag N 329. Westdeutscher Verlag, (1984)
[5] Busch, W.; Witte, B.: Die Aktive Verformungskontrolle als neues Konstruktionsprinzip für Tragwerke – Grundlagen und Anforderungen an die Meßtechnik in: Rinner, Schelling, Brandstätter: Ingenieurvermessung 84, Band 2
[6] Bouten, H.: Aktive Unterdrückung von Durchbiegungen und Schwingungen bei Biegetragwerken, Fakultät für Elektrotechnik, RWTH Aachen (1986)
[7] Streck, D.: Instabilitäten des geregelten Verhaltens aktiver unterspannter Biegetragwerke bei wachsenden Lastüberfahrtgeschwindigkeiten. Diss. RWTH Aachen (1989)
[8] Schickert, G.; Schnitger, D.: Zerstörungsfreie Prüfung im Bauwesen. Tagungsber. ZfPBau-Symposium 1985 der Bundesanstalt für Materialprüfung, Berlin mit Beitrag Domke
[9] Beiträge in: Structural Control. Martinus Nijhoff Publishers, Dordrecht/Boston/Lancaster (1987)
[10] Patent. Domke Nr. 3 421716
[11] Beiträge zum Forschungsgebiet „Aktive Tragwerke" bis Ende 1989. Herausgeber: H. Domke. Aachen. ISSN 0938-5185
[12] Domke, H.: Aktive Kontrolle von Tragwerken. Bauingenieur 66 (1991) 205–213
[13] Domke, H.; Streck, D.: Mögliche Auswirkungen einer laufenden automatischen Bauwerksanalyse durch Aktive Verformungskontrolle (AVK). Beton- und Stahlbetonbau, Heft 4, (1987). Verlag Ernst & Sohn, Berlin
[14] Hirsch, G.: Schwingungskontrolle mittels angekoppelter Zusatzsysteme als wirtschaftliches Konstruktionsprinzip – Praktische Erfahrungen mit Gegenschwingern an turmartigen Bauwerken. Beitrag in Kolloquium „Aktive Verformungskontrolle von Bauwerken". RWTH Aachen (1982)
[15] Raps, F.; Schmidt, G.: Der aktiv geregelte Schwingungsdämpfer zur Verringerung winderregter Schwingungen an Bauwerken. Stahlbau 6 (1985). Wilhelm Ernst & Sohn Verlag. Berlin
[16] Yang, J.-N.; Giannopoulos, F.: Active control and stability of cable-stayed bridge. Journal of the Engineering Mechanics Division. Vol. 105, EM 4 (1979)

Anhang

Leistungssteigerung aktiver Tragwerke

von Dr.-Ing. *Dietmar Streck*

1. Einleitung

Ausgehend von einem passiven Tragwerk soll im folgenden die Leistungssteigerung mit dem aktiven Tragwerk an Zahlenbeispielen aufgezeigt werden.

Hierbei werden Randbedingungen und Verhältnisse für die Vergleiche vorgegeben, wie z. B.

Schwerpunktlage des Querschnittes
Schlankheit der Konstruktion
Reißlänge des Materials und
Steifigkeitsbeiwert des Querschnittes.

Mit den jeweils vorgegebenen Daten werden die im weiteren aufgezeigten Ergebnisse durch Auswertung der angegebenen Formeln ermittelt.

Diese Formeln gelten nur für die Tragfähigkeit des Gesamtquerschnittes bei einer kontinuierlichen Unterstützung des Nutzlasttragteils und bei einer gleichmäßig verteilten Streckenlast.

Bei einer diskreten Unterstützung ist auch der Einfluß der sekundären Biegespannungen zu berücksichtigen. Weiterhin ist im speziellen Anwendungsfall der Einfluß von Einzellasten auf die Tragleistung zu klären und es sind Untersuchungen zur örtlichen Stabilität sowie zum Ausweichen senkrecht zur Haupttragrichtung notwendig.

Bei den folgenden Vergleichen geht die Querschnittsfläche des aktiven Tragwerkes ohne Berücksichtigung der Breite des Tragwerkes ein und die Biegesteifigkeit des passiven Tragwerkes nur über einen vorgegebenen Beiwert. Bei bekannter Breite ist daher im speziellen Fall zu untersuchen, ob sich mit der vorberechneten Querschnittsfläche ein geeigneter Querschnitt für das Tragwerk entwickeln läßt.

Die sich bei der Anwendung des aktiven Tragwerkes ergebenden Leistungssteigerungen hinsichtlich

höherer aufnehmbarer Lasten
geringerer erforderlicher Querschnittsfläche
größerer erreichbarer Stützweiten und
reduzierter Bauhöhe
sind am Zahlenbeispiel dargestellt.

2. Ableitung der verwendeten Formeln

Für die Untersuchung der Leistungssteigerung durch das aktive Tragwerk werden folgende Annahmen gemacht:

- Das Tragwerk wird auch im aktiven Zustand kontinuierlich unterstützt.
- Es wird eine gleichmäßige Flächenlast im aktiven und im passiven Zustand unterstellt.
- Es werden nur die Randspannungen als maßgebend für die Tragleistung unterstellt, ohne örtliche Spannungsprobleme oder unzulässige Durchbiegungen im passiven Zustand zu beachten.
- Die Schwerpunktlage wird mit

$$c_A = f/h$$

angenommen.

   f – maximaler Seilstich
   h – maximale Bauhöhe

- Der Steifigkeitsbeiwert c_B wird, sofern nicht anders angegeben, mit dem minimalen Widerstandsmoment berechnet,

$$c_B = \frac{W_{min}}{A \cdot h}$$

und fest vorgegeben.
Es gilt die Beziehung

$$W_o = \frac{W_u}{1 - c_A} \cdot c_A$$

zwischen dem Widerstandsmoment an der oberen und unteren Faser sowie

$$c_{Bo} = c_{Bu} \cdot \frac{c_A}{1 - c_A}$$

- Für die maximale Tragleistung des passiven bzw. nicht aktiven Zustands wird von einer Vorspannung ausgegangen, bei der nur das Eigengewicht kompensiert wird.
- Es wird unterstellt, daß keine Zugfestigkeit im Nutzlasttragteil vorhanden ist.
- Das Eigengewicht der Seile wird vernachlässigt.

– Die Seillage wird stets parabelförmig angenommen; die Seillänge kann dann in Abhängigkeit vom Seilstich näherungsweise zu

$$l_s = l \cdot \left(1 + \frac{8}{3} \cdot \left(\frac{f}{l}\right)^2\right)$$

bestimmt werden.

l_s = Seillänge
l = Stützweite

2.1 Passives Tragwerk

Bei einer passiven Unterspannung sind zwei verschiedene Bereiche zu unterscheiden.

Im Bereich kleiner Stützweiten $l < l_{krit}$ kann die Vorspannung so erzeugt werden, daß für die Nutzlast stets die aufgebrachte Vorspannung an der Unterkante ausgenutzt werden kann.

Die aufnehmbare Nutzlast ergibt sich hier mit $\sigma_V = c_A \cdot \sigma_{zul}$ zu

$$\frac{p \cdot l^2}{8} = \sigma \cdot W = \sigma_V \cdot c_B \cdot A \cdot h$$

$$p_{pas} = p = \frac{8}{l} \cdot \sigma_V \cdot c_B \cdot A \cdot \frac{h}{l} \qquad (1)$$

Im unbelasteten Zustand wird dabei ein Gegenmoment erzeugt, so daß mit der Vorspannung σ_V eine konstante Druckspannung entsteht. Bei stets gleicher Vorspannung wird hierzu der Seilstich angepaßt.

Die größte Stützweite, bei der die Spannungsausnutzung für die Nutzlast in der oben angegebenen Form möglich ist, wird als kritische Stützweite bezeichnet. Hier wird der maximale Seilstich zur Kompensation des Eigengewichtes ausgenutzt.

Über diese Stützweite hinaus ist die für die Last nutzbare Spannung kleiner als die aufgebrachte Vorspannung, da bei maximalem Seilstich nur die Vorspannung erhöht werden kann. In diesem Bereich ist dann die obere Faser maßgebend für die Berechnung der aufnehmbaren Nutzlast.

Aus der Betrachtung der Spannungen ergibt sich mit

$\sigma_V \geq c_A \cdot \sigma_{zul}$

$$p_{pas} = \frac{8}{l} \cdot c_B \cdot A \cdot \frac{h}{l} \cdot (\sigma_{zul} - \sigma_V) \qquad (2)$$

2.2 Aktives Tragwerk

Die aktive Tragleistung ergibt sich aus der Forderung, daß das Nutzlast- und Eigengewichtsmoment umgekehrt gleich dem Vorspannmoment ist.

Es ergibt sich aus

$$\frac{A \cdot \gamma \cdot l^2}{A \cdot 8 \cdot h \cdot c_B} + \frac{p \cdot l^2}{8 \cdot h \cdot A \cdot c_B} = \frac{\sigma_V \cdot A \cdot h \cdot c_A}{A \cdot h \cdot c_B}$$

die aktiv erzielbare Tragleistung zu

$$p_{AVK} = A \cdot \gamma \cdot \left(\frac{\sigma_{zul}}{\gamma} \cdot \frac{h}{l} \cdot 8 \cdot c_A \cdot \frac{1}{l} - 1 \right) \tag{3}$$

2.3 Aktives Tragwerk im passiven Zustand

Die aktive Unterspannung setzt voraus, daß der Seilstich vom reduzierten Stich $\bar{c}_A \cdot h$ bei Belastung gesteigert wird bis hin zum maximalen Seilstich.

Damit wird im aktiven Zustand die höchstmögliche Tragleistung erzielt, wenn bei Nutzung des maximalen Stichs die Vorspannung der zulässigen Druckspannung entspricht.

Wird hingegen im unbelasteten Zustand der Stich reduziert, so müssen bei diesem Stich und der zwangsläufig reduzierten Seilkraft die zulässigen Spannungen an der oberen und unteren Faser eingehalten werden.

Der Stich, bei dem diese Bedingungen eingehalten werden, wird Grundstich genannt, der Zustand wird als AVK-passiv bezeichnet, und die dann noch aufnehmbare Last wird als Grundlast definiert.

Während im aktiven Zustand stets eine höhere Tragleistung erzielbar ist als mit dem rein passiven Tragwerk, wird die Grundlast nur unter bestimmten Voraussetzungen gleich der passiv erzielbaren Tragleistung sein.

Die Voraussetzungen sind dann gegeben, wenn mit der Reduzierung des Seilstiches, ausgehend vom maximalen Stich, die Seilkraft auf $\sigma_V = \bar{c}_A \cdot \sigma_{zul}$ absinkt und der reduzierte Stich sich zu $\bar{c}_A$ ergibt.

Ansonsten ist die sich ergebende Kombination aus Vorspannung und Seilstich maßgebend für die erzielbare Tragleistung im passiven Zustand.

Anhang

Alternativ hierzu kann eine Auslegung erfolgen, bei der die Grundlast ebenso groß gewählt wird wie die passiv erzielbare Nutzlast und die aktive Tragleistung davon abhängt, wie stark die Vorspannung ansteigt, wenn der Seilstich von $\bar{c}_A$ auf c_A gesteigert wird.

Dabei ist es notwendig, die Seildehnung zu berücksichtigen.

Wird die Länge des Seiles in Abhängigkeit vom Seilstich und der horizontalen Länge näherungsweise bestimmt, so gilt für den maximalen Seilstich

$$l_{Smax} = l \cdot \left(1 + \frac{8}{3} \cdot \left(\frac{f}{l}\right)^2\right) = l \cdot \left(1 + \frac{8}{3} \cdot \left(\frac{h}{l}\right)^2 \cdot c_A^2\right)$$

Nach dem Hooke'schen Gesetz kann die Seilspannung bestimmt werden.

$$\sigma_S = \varepsilon \cdot E_S = \frac{l_{Smax} - l_{S0}}{l_{S0}} \cdot E_S$$

E_S = E-Modul des Seiles
σ_S = Seilzugspannung

Damit läßt sich der Spannungsabfall im Seil infolge einer Reduzierung des Seilstiches zu

$$\Delta\sigma_S = \Delta\varepsilon \cdot E = \frac{l_{Smax} - l_{Sred}}{l_{S0}} \cdot E_S$$

bestimmen.

In einer guten Näherung kann hier die ungespannte Grundseillänge l_{S0} ersetzt werden durch die horizontale Länge l, so daß gilt:

$$\Delta\sigma_S = (c_A^2 - \bar{c}_A^2) \cdot \frac{8}{3} \cdot \left(\frac{h}{l}\right)^2 \cdot E_S \tag{4}$$

Ausgehend vom aktiven Zustand sind die beiden Bedingungen

a) $\quad \bar{c}_A = \frac{1}{h} \cdot \frac{1}{8} \cdot \frac{\gamma}{\sigma_V} \tag{5}$

und

b) $\quad \bar{c}_A = \sqrt{c_A^2 - \frac{\Delta\sigma_S}{E_S} \cdot \frac{3}{8} \cdot \left(\frac{l}{h}\right)^2} \tag{6}$

einzuhalten.

Die Lösung ist iterativ zu ermitteln.

Die Grundlast ergibt sich bei bekannten $\bar{c}_A$ und zugehörigem σ_V nach

Formel (2) für $\sigma_V > c_A \cdot \sigma_{zul}$
Formel (1) für $\sigma_V \leq c_A \cdot \sigma_{zul}$

3. Zahlenbeispiel

3.1 Annahmen für Querschnitts-, Material-, System- und Lastwerte

Querschnittswerte
$c_A = 2/3$
$c_{Bo} = 0,3$
$c_{Bu} = 0,15$

Materialwerte
$\sigma_D = \sigma_{zul} = 10 \text{ MN/m}^2$
$\gamma = 25 \text{ kN/m}^3$
$E_S = 210\,000 \text{ MN/m}^2$
$\sigma_S = 600 \text{ MN/m}^2$

Systemkennwert (sofern)
nicht anders berechnet) $h/l = 1/25$

Lastwert $p = 50 \text{ kN/m}$

3.2 Steigerung der Nutzlast durch AVK

Ausgehend von der vorgegebenen Nutzlast p = 50 kN/m wird nach Formel (1) bzw. (2) (*) für die vorgegebenen Stützweiten die erforderliche Querschnittsfläche ermittelt.

Nach Formel (3) läßt sich für den gleichen Querschnitt die aktiv aufnehmbare Nutzlast bestimmen.

Ergebnis:

l (m)	A_{pas} (m²)	p_{pas} (kN/m)	P_{AVK} '(kN/m)
30	4,7	50	216
50	7,8	50	238
70	20,25 (*)	50	110

3.3 Verringerung der Querschnittsfläche

Ausgehend von der vorgegebenen Nutzlast p = 50 kN/m wird nach Formel (1) bzw. (2) (*) für die vorgegebenen Stützweiten die erforderliche Querschnittsfläche ermittelt.

Aus Formel (3), umgestellt nach A, läßt sich die erforderliche Querschnittsfläche ermitteln.

Ergebnis:

l (m)	P (kN/m)	A_{pas} (m²)	A_{AVK} (m²)
30	50	4,7	1,1
50	50	7,8	2,8
70	50	20,25 (*)	9,1

3.4 Grundlast der aktiven Querschnitte

Ausgehend von den zuvor bestimmten Querschnittsflächen für das aktive Tragwerk wird die Grundlast über Formel (5) und (6) sowie (1) bzw. (2) bestimmt.

Weiterhin wird angegeben, wie stark der Querschnitt vergrößert werden muß, wenn gefordert wird, daß die Grundlast ¼ bzw. ½ der anfänglich angegebenen Nutzlast betragen soll.

l (m)	P_{AVK} (kN/m)	A_{AVK} (m²)	P_{Gr} (kN/m)
30	216	1,1	10,0
50	138	2,8	14,1
70	110	9,1	12,5

l (m)	P_{Gr} (kN/m)	A_{erf} (m²)
30	12,5	1,4
50	12,5	2,8
70	12,5	9,1

l (m)	P_{Gr} (kN/m)	A_{erf} (m²)
30	25	2,8
50	25	5,0
70	25	18,2

3.5 Vergrößerung der Stützweiten

Ausgehend von der vorgegebenen Last und der unter Punkt 3.2 ermittelten Querschnittsflächen wird nach Formel (3) die aktiv erreichbare Stützweite bei gleicher Nutzlast ermittelt. Weiterhin wird die Grundlast für diese Stützweiten über Formel (5) und (6) sowie Formel (1) bzw. (2) berechnet.

P (kN/m)	A (m²)	l_{pas} (m)	l_{AVK} (m)	P_{Gr} (kN/m)
50	4,7	30	59,8	13,5
50	7,8	50	67,9	13,2
50	20,25	70	77,7	12,5

3.6 Reduzierung der Bauhöhe

Für die unter Punkt 3.2 berechneten Querschnitte, Stützweiten und die dort angegebene Nutzlast ergibt sich nach Umformung von Formel (1) bzw. (2)* die Bauhöhe h.

Bei gleichen Randbedingungen kann über Formel (3) die erforderliche Bauhöhe des aktiven Tragwerks bestimmt werden. Durch Auswertung von Formel (5) und (6) sowie Anwendung der Formeln (1) bzw. (2) wird die dann aufnehmbare Grundlast des AVK-Querschnittes mit der geringeren Bauhöhe ermittelt.

P (kN/M)	A (m²)	l (m)	h_{pas} (m)	h_{AVK} (m)	P_{Gr} (kN/m)
50	4,70	30	1,2	0,60	5,2
50	7,80	50	2,0	1,47	9,9
50	20,25 (*)	70	2,8	2,52	11,3

3.7 Zusammenfassung

Die angeführten Zahlenbeispiele zeigen, daß sich die Leistungsfähigkeit eines Querschnittes unter den angegebenen Randbedingungen durch den Einsatz der AVK steigern läßt.

Anhand drei verschiedener Stützweiten wurden die unterschiedlichen Steigerungen der Nutzlast im AVK-Zustand bzw. der größeren erreichbaren Stützweite bei gleicher Nutzlast aufgezeigt.

Ebenfalls wurde am Beispiel gezeigt, daß sowohl die Querschnittsfläche als auch alternativ die Bauhöhe reduziert werden können, wenn die AVK-Anlage planmäßig genutzt wird. Weiterhin wurde in den Zahlenbeispielen der Zusammenhang zwischen Höchstlast und Grundlast aufgezeigt.

Über diese grundsätzlichen, vereinfachten Betrachtungen kann zunächst ein Überblick über die Möglichkeiten, die durch den AVK-Einsatz entstehen, gewonnen werden.

Die Leistungssteigerung wird in den angegebenen Fällen jeweils durch den Einsatz einer größeren Seilquerschnittsfläche (zur Erzielung der höheren Vorspannung im aktiven Zustand) und der aktiven Anspannung des Seilstichs an den jeweiligen Belastungszustand (um stets zentrischen Druck im Nutzlasttragteil zu erzeugen) ermöglicht.

4. Häufig verwendete Symbole

Nachfolgend werden häufig wiederkehrende Formelzeichen und Abkürzungen aufgeführt.

A – Querschnittsfläche
h – Bauteilhöhe
l – Länge (Stützweite)
W – Widerstandsmoment
f – Seilstich
c_A – Faktor für die Lage des Schwerpunktes
$\bar{c}_A$ – Faktor bei reduziertem Seilstich
c_B – Steifigkeitsbeiwert
E – Elastizitätsmodul
g – Eigenlast
p – Nutzlast
q – Last
σ – Spannung
γ – Wichte
ε – Dehnung

Indizes:

T	–	Träger
S	–	Seil
D	–	zul. Druck am Träger
Z	–	zul. Zug am Träger
s	–	zul. Zug am Seil
V	–	infolge Vorspannung
Vm	–	infolge Moment aus Vorspannung
g	–	infolge Eigenlast
p	–	infolge Nutzlast
q	–	infolge Last
pas	–	passiver Zustand
AVK	–	aktiver Zustand
u	–	bezogen auf die untere Randfaser
o	–	bezogen auf die obere Randfaser
0	–	ungespannter Zustand

Veröffentlichungen
der Rheinisch-Westfälischen Akademie der Wissenschaften

Neuerscheinungen 1986 bis 1992

Vorträge N Heft Nr.		NATUR-, INGENIEUR- UND WIRTSCHAFTSWISSENSCHAFTEN
344	*Marianne Baudler, Köln*	Aktuelle Entwicklungstendenzen in der Phosphorchemie
	Ludwig von Bogdandy, Duisburg	Kontrolle von umweltsensitiven Schadstoffen bei der Verarbeitung von Steinkohle
345	*Stefan Hildebrandt, Bonn*	Variationsrechnung heute
346	*3. Akademie-Forum*	Umweltbelastung und Gesellschaft – Luft – Boden – Technik
	Hermann Flohn, Bonn	Belastung der Atmosphäre – Treibhauseffekt – Klimawandel?
	Dieter H. Ehhalt, Jülich	Chemische Umwandlungen in der Atmosphäre
	Fritz Führ u. a., Jülich	Belastung des Bodens durch lufteingetragene Schadstoffe und das Schicksal organischer Verbindungen im Boden
	Wolfgang Kluxen, Bonn	Ökologische Moral in einer technischen Kultur
	Franz Josef Dreyhaupt, Düsseldorf	Tendenzen der Emissionsentwicklung aus stationären Quellen der Luftverunreinigung
	Franz Pischinger, Aachen	Straßenverkehr und Luftreinhaltung – Stand und Möglichkeiten der Technik
347	*Hubert Ziegler, München*	Pflanzenphysiologische Aspekte der Waldschäden
	Paul J. Crutzen, Mainz	Globale Aspekte der atmosphärischen Chemie: Natürliche und anthropogene Einflüsse
348	*Horst Albach, Bonn*	Empirische Theorie der Unternehmensentwicklung
349	*Günter Spur, Berlin*	Fortgeschrittene Produktionssysteme im Wandel der Arbeitswelt
	Friedrich Eichhorn, Aachen	Industrieroboter in der Schweißtechnik
350	*Heinrich Holzner, Wien*	Hormonelle Einflüsse bei gynäkologischen Tumoren
351	*4. Akademie-Forum*	Die Sicherheit technischer Systeme
	Rolf Staufenbiel, Aachen	Die Sicherheit im Luftverkehr
	Ernst Fiala, Wolfsburg	Verkehrssicherheit – Stand und Möglichkeiten
	Niklas Luhmann, Bielefeld	Sicherheit und Risiko aus der Sicht der Sozialwissenschaften
	Otto Pöggeler, Bochum	Die Ethik vor der Zukunftsperspektive
	Axel Lippert, Leverkusen	Sicherheitsfragen in der Chemieindustrie
	Rudolf Schulten, Aachen	Die Sicherheit von nuklearen Systemen
	Reimer Schmidt, Aachen	Juristische und versicherungstechnische Aspekte
352	*Sven Effert, Aachen*	Neue Wege der Therapie des akuten Herzinfarktes
		Jahresfeier am 7. Mai 1986
353	*Alarich Weiss, Darmstadt*	Struktur und physikalische Eigenschaften metallorganischer Verbindungen
	Helmut Wenzl, Jülich	Kristallzuchtforschung
354	*Hans Helmut Kornhuber, Ulm*	Gehirn und geistige Leistung: Plastizität, Übung, Motivation
	Hubert Markl, Konstanz	Soziale Systeme als kognitive Systeme
355	*Max Georg Huber, Bonn*	Quarks – der Stoff aus dem Atomkerne aufgebaut sind?
	Fritz G. Parak, Münster	Dynamische Vorgänge in Proteinen
356	*Walter Eversheim, Aachen*	Neue Technologien – Konsequenzen für Wirtschaft, Gesellschaft und Bildungssystem
357	*Bruno S. Frey, Zürich*	Politische und soziale Einflüsse auf das Wirtschaftsleben
	Heinz König, Mannheim	Ursachen der Arbeitslosigkeit: zu hohe Reallöhne oder Nachfragemangel?
358	*Klaus Hahlbrock, Köln*	Programmierter Zelltod bei der Abwehr von Pflanzen gegen Krankheitserreger
359	*Wolfgang Kundt, Bonn*	Kosmische Überschallstrahlen
	Theo Mayer-Kuckuk, Bonn	Das Kühler-Synchrotron COSY und seine physikalischen Perspektiven
360	*Frederick H. Epstein, Zürich*	Gesundheitliche Risikofaktoren in der modernen Welt
	Günther O. Schenck, Mülheim/Ruhr	Zur Beteiligung photochemischer Prozesse an den photodynamischen Lichtkrankheiten der Pflanzen und Bäume („Waldsterben')
361	*Siegfried Batzel, Herten*	Die Nutzung von Kohlelagerstätten, die sich den bekannten bergmännischen Gewinnungsverfahren verschließen
		Jahresfeier am 11. Mai 1988

362	Erich Sackmann, München	Biomembranen: Physikalische Prinzipien der Selbstorganisation und Funktion als integrierte Systeme zur Signalerkennung, -verstärkung und -übertragung auf molekularer Ebene
	Kurt Schaffner, Mülheim/Ruhr	Zur Photophysik und Photochemie von Phytochrom, einem photomorphogenetischen Regler in grünen Pflanzen
363	Klaus Knizia, Dortmund	Energieversorgung im Spannungsfeld zwischen Utopie und Realität
	Gerd H. Wolf, Jülich	Fusionsforschung in der Europäischen Gemeinschaft
364	Hans Ludwig Jessberger, Bochum	Geotechnische Aufgaben der Deponietechnik und der Altlastensanierung
	Egon Krause, Aachen	Numerische Strömungssimulation
365	Dieter Stöffler, Münster	Geologie der terrestrischen Planeten und Monde
	Hans Volker Klapdor, Heidelberg	Der Beta-Zerfall der Atomkerne und das Alter des Universums
366	Horst Uwe Keller, Katlenburg-Lindau	Das neue Bild des Planeten Halley – Ergebnisse der Raummissionen
	Ulf von Zahn, Bonn	Wetter in der oberen Atmosphäre (50 bis 120 km Höhe)
367	Jozef S. Schell, Köln	Fundamentales Wissen über Struktur und Funktion von Pflanzengenen eröffnet neue Möglichkeiten in der Pflanzenzüchtung
368	Frank H. Hahn, Cambridge	Aspects of Monetary Theory
370	Friedrich Hirzebruch, Bonn	Codierungstheorie und ihre Beziehung zu Geometrie und Zahlentheorie
	Don Zagier, Bonn	Primzahlen: Theorie und Anwendung
371	Hartwig Höcker, Aachen	Architektur von Makromolekülen
372	János Szentágothai, Budapest	Modulare Organisation nervöser Zentralorgane, vor allem der Hirnrinde
373	Rolf Staufenbiel, Aachen	Transportsysteme der Raumfahrt
	Peter R. Sahm, Aachen	Werkstoffwissenschaften unter Schwerelosigkeit
374	Karl-Heinz Büchel, Leverkusen	Die Bedeutung der Produktinnovation in der Chemie am Beispiel der Azol-Antimykotika und -Fungizide
375	Frank Natterer, Münster	Mathematische Methoden der Computer-Tomographie
	Rolf W. Günther, Aachen	Das Spiegelbild der Morphe und der Funktion in der Medizin
376	Wilhelm Stoffel, Köln	Essentielle makromolekulare Strukturen für die Funktion der Myelinmembran des Zentralnervensystems
377	Hans Schadewaldt, Düsseldorf	Betrachtungen zur Medizin in der bildenden Kunst
378	6. Akademie-Forum	Arzt und Patient im Spannungsfeld: Natur – technische Möglichkeiten – Rechtsauffassung
	Wolfgang Klages, Aachen	Patient und Technik
	Hans-Erhard Bock, Tübingen, Hans-Ludwig Schreiber, Hannover	Patientenaufklärung und ihre Grenzen
	Herbert Weltrich, Düsseldorf	Ärztliche Behandlungsfehler
	Paul Schölmerich, Mainz	Ärztliches Handeln im Grenzbereich von Leben und Sterben
	Günter Solbach, Aachen	
379	Hermann Flohn, Bonn	Treibhauseffekt der Atmosphäre: Neue Fakten und Perspektiven
	Dieter Hans Ehhalt, Jülich	Die Chemie des antarktischen Ozonlochs
380	Gerd Herziger, Aachen	Anwendungen und Perspektiven der Lasertechnik
	Manfred Weck, Aachen	Erhöhung der Bearbeitungsgenauigkeit – eine Herausforderung an die Ultrapräzisionstechnik
381	Wilfried Ruske, Aachen	Planung, Management, Gestaltung – aktuelle Aufgaben des Stadtbauwesens
382	Sebastian A. Gerlach, Kiel	Flußeinträge und Konzentrationen von Phosphor und Stickstoff und das Phytoplankton der Deutschen Bucht
	Karsten Reise, Sylt	Historische Veränderungen in der Ökologie des Wattenmeeres
383	Lothar Jaenicke, Köln	Differenzierung und Musterbildung bei einfachen Organismen
	Gerhard W. Roeb, Fritz Führ, Jülich	Kurzlebige Isotope in der Pflanzenphysiologie am Beispiel des 11_C-Radiokohlenstoffs
384	Sigrid Peyerimhoff, Bonn	Theoretische Untersuchung kleiner Moleküle in angeregten Elektronenzuständen
	Siegfried Matern, Aachen	Konkremente im menschlichen Organismus: Aspekte zur Bildung und Therapie
385	Parlamentarisches Kolloquim	Wissenschaft und Politik – Molekulargenetik und Gentechnik in Grundlagenforschung, Medizin und Industrie
386	Bernd Höfflinger, Stuttgart	Neuere Entwicklungen der Silizium-Mikroelektronik
387	János Kertész, Köln	Tröpfchenmodelle des Flüssig-Gas-Übergangs und ihre Computer-Simulation
388	Erhard Hornbogen, Bochum	Legierungen mit Formgedächtnis
389	Otto D. Creutzfeldt, Göttingen	Die wissenschaftliche Erforschung des Gehirns: Das Ganze und seine Teile
390	Friedhelm Stangenberg, Bochum	Qualitätssicherung und Dauerhaftigkeit von Stahlbetonbauwerken
391	Helmut Domke, Aachen	Aktive Tragwerke
392	Sir John Eccles, Contra	Neurobiology of Cognitive Learning

ABHANDLUNGEN

Band Nr.

67	Elmar Edel, Bonn	Hieroglyphische Inschriften des Alten Reiches
68	Wolfgang Ehrhardt, Athen	Das Akademische Kunstmuseum der Universität Bonn unter der Direktion von Friedrich Gottlieb Welcker und Otto Jahn
69	Walther Heissig, Bonn	Geser-Studien. Untersuchungen zu den Erzählstoffen in den „neuen" Kapiteln des mongolischen Geser-Zyklus
70	Werner H. Hauss, Münster Robert W. Wissler, Chicago	Second Münster International Arteriosclerosis Symposium: Clinical Implications of Recent Research Results in Arteriosclerosis
71	Elmar Edel, Bonn	Die Inschriften der Grabfronten der Siut-Gräber in Mittelägypten aus der Herakleopolitenzeit
72	(Sammelband)	Studien zur Ethnogenese
	Wilhelm E. Mühlmann	Ethnogonie und Ethnogonese
	Walter Heissig	Ethnische Gruppenbildung in Zentralasien im Licht mündlicher und schriftlicher Überlieferung
	Karl J. Narr	Kulturelle Vereinheitlichung und sprachliche Zersplitterung: Ein Beispiel aus dem Südwesten der Vereinigten Staaten
	Harald von Petrikovits	Fragen der Ethnogenese aus der Sicht der römischen Archäologie
	Jürgen Untermann	Ursprache und historische Realität. Der Beitrag der Indogermanistik zu Fragen der Ethnogenese
	Ernst Risch	Die Ausbildung des Griechischen im 2. Jahrtausend v. Chr.
	Werner Conze	Ethnogenese und Nationsbildung – Ostmitteleuropa als Beispiel
73	Nikolaus Himmelmann, Bonn	Ideale Nacktheit
74	Alf Önnerfors, Köln	Willem Jordaens, Conflictus virtutum et viciorum. Mit Einleitung und Kommentar
75	Herbert Lepper, Aachen	Die Einheit der Wissenschaften: Der gescheiterte Versuch der Gründung einer „Rheinisch-Westfälischen Akademie der Wissenschaften" in den Jahren 1907 bis 1910
76	Werner H. Hauss, Münster Robert W. Wissler, Chicago Jörg Grünwald, Münster	Fourth Münster International Arteriosclerosis Symposium: Recent Advances in Arteriosclerosis Research
78	(Sammelband)	Studien zur Ethnogenese, Band 2
	Rüdiger Schott	Die Ethnogenese von Völkern in Afrika
	Siegfried Herrmann	Israels Frühgeschichte im Spannungsfeld neuer Hypothesen
	Jaroslav Šašel	Der Ostalpenbereich zwischen 550 und 650 n. Chr.
	András Róna-Tas	Ethnogenese und Staatsgründung. Die türkische Komponente bei der Ethnogenese des Ungartums
	Register zu den Bänden 1 (Abh 72) und 2 (Abh 78)	
79	Hans-Joachim Klimkeit, Bonn	Hymnen und Gebete der Religion des Lichts. Iranische und türkische Texte der Manichäer Zentralasiens
80	Friedrich Scholz, Münster	Die Literaturen des Baltikums Ihre Entstehung und Entwicklung
82	Werner H. Hauss, Münster Robert W. Wissler, Chicago H.-J. Bauch, Münster	Fifth Münster International Arteriosclerosis Symposium: Modern Aspects of the Pathogenesis of Arteriosclerosis
83	Karin Metzler, Frank Simon, Bochum	Ariana et Athanasiana. Studien zur Überlieferung und zu philologischen Problemen der Werke des Athanasius von Alexandrien
84	Siegfried Reiter / Rudolf Kassel, Köln	Friedrich August Wolf. Ein Leben in Briefen. Ergänzungsband, I: Die Texte; II: Die Erläuterungen
85	Walther Heissig, Bonn	Heldenmärchen versus Heldenepos? Strukturelle Fragen zur Entwicklung altaischer Heldenmärchen
86	Hans Rothe, Bonn	Die Schlucht. Ivan Gontscharov und der „Realismus" nach Turgenev und vor Dostojevski (1849–1869)
87	Werner H. Hauss, Münster Robert W. Wissler, Chicago H.-J. Bauch, Münster	Sixth Münster International Arteriosclerosis Symposium: New Aspects of Metabolism and Behavious of Mesenchymal Cells during the Pathogenesis of Arteriosclerosis

Sonderreihe PAPYROLOGICA COLONIENSIA

Vol. IV: *Ursula Hagedorn und Dieter Hagedorn, Köln, Louise C. Youtie und Herbert C. Youtie, Ann Arbor*	Das Archiv des Petaus (P. Petaus)
Vol. V: *Angelo Geißen, Köln* *Wolfram Weiser, Köln*	Katalog Alexandrinischer Kaisermünzen der Sammlung des Instituts für Altertumskunde der Universität zu Köln Band 1: Augustus-Trajan (Nr. 1–740) Band 2: Hadrian-Antoninus Pius (Nr. 741–1994) Band 3: Marc Aurel-Gallienus (Nr. 1995–3014) Band 4: Claudius Gothicus – Domitius Domitianus, Gau-Prägungen, Anonyme Prägungen, Nachträge, Imitationen, Bleimünzen (Nr. 3015–3627) Band 5: Indices zu den Bänden 1 bis 4
Vol. VI: *J. David Thomas, Durham*	The epistrategos in Ptolemaic and Roman Egypt Part 1: The Ptolemaic epistrategos Part 2: The Roman epistrategos
Vol. VII	Kölner Papyri (P. Köln)
Bärbel Kramer und Robert Hübner (Bearb.), Köln	Band 1
Bärbel Kramer und Dieter Hagedorn (Bearb.), Köln	Band 2
Bärbel Kramer, Michael Erler, Dieter Hagedorn und Robert Hübner (Bearb.), Köln	Band 3
Bärbel Kramer, Cornelia Römer und Dieter Hagedorn (Bearb.), Köln	Band 4
Michael Gronewald, Klaus Maresch und Wolfgang Schäfer (Bearb.), Köln	Band 5
Michael Gronewald, Bärbel Kramer, Klaus Maresch, Maryline Parca und Cornelia Römer (Bearb.)	Band 6
Michael Gronewald, Klaus Maresch (Bearb.), Köln	Band 7
Vol. VIII: *Sayed Omar (Bearb.), Kairo*	Das Archiv des Soterichos (P. Soterichos)
Vol. IX *Dieter Kurth, Heinz-Josef Thissen und Manfred Weber (Bearb.), Köln*	Kölner ägyptische Papyri (P. Köln ägypt.) Band 1
Vol. X: *Jeffrey S. Rusten, Cambridge, Mass.*	Dionysius Scytobrachion
Vol. XI: *Wolfram Weiser, Köln*	Katalog der Bithynischen Münzen der Sammlung des Instituts für Altertumskunde der Universität zu Köln Band 1: Nikaia. Mit einer Untersuchung der Prägesysteme und Gegenstempel
Vol. XII: *Colette Sirat, Paris u. a.*	La *Ketouba* de Cologne. Un contrat de mariage juif à Antinoopolis
Vol. XIII: *Peter Frisch, Köln*	Zehn agonistische Papyri
Vol. XIV: *Ludwig Koenen, Ann Arbor* *Cornelia Römer (Bearb.), Köln*	Der Kölner Mani-Kodex. Über das Werden seines Leibes. Kritische Edition mit Übersetzung.
Vol. XV: *Jaakko Frösen, Helsinki/Athen* *Dieter Hagedorn, Heidelberg (Bearb.)*	Die verkohlten Papyri aus Bubastos (P. Bub.) Band 1
Vol. XVI: *Robert W. Daniel, Köln* *Franco Maltomini, Pisa (Bearb.)*	Supplementum Magicum Band 1
Vol. XVII: *Reinhold Merkelbach,* *Maria Totti (Bearb.), Köln*	Abrasax. Ausgewählte Papyri religiösen und magischen Inhalts Band 1: Gebete Band 2: Gebete (Fortsetzung)
Vol. XVIII: *Klaus Maresch, Köln* *Zola M. Packman, Pietermaritzburg, Natal (eds.)*	Papyri from the Washington University Collection, St. Louis, Missouri
Vol. XIX: *Robert W. Daniel, Köln (ed.)*	*Two Greek Papyri in the National Museum of Antiquities in Leiden*

GPSR Compliance
The European Union's (EU) General Product Safety Regulation (GPSR) is a set of rules that requires consumer products to be safe and our obligations to ensure this.

If you have any concerns about our products, you can contact us on

ProductSafety@springernature.com

In case Publisher is established outside the EU, the EU authorized representative is:

Springer Nature Customer Service Center GmbH
Europaplatz 3
69115 Heidelberg, Germany

www.ingramcontent.com/pod-product-compliance
Ingram Content Group UK Ltd.
Pitfield, Milton Keynes, MK11 3LW, UK
UKHW051252180426
11947UKWH00020B/1666